건강에 도움 주는
텃밭식물 이야기
Stories of Healthy Garden Plants

신 호 철
한 춘 연   지음

▼ 고추   강낭콩 ▼

▲ 오크리프 상추   멜론 ▲

양화진

서 문

이 책은 저자가 1960년부터 35년간 농촌분야 공직에 있다가 정년퇴임하여 노후의 여가활동과 취미생활을 겸하여 책을 쓰기 시작하여 13번째로 출판하는 책이다. 1995년 정년을 기념하여 이미 발표했던 60편의 논문 등을 모아 『瑞菴申昊哲停年退任記念論文集』으로 첫 책을 만들었다. 1996년에는 해외활동 중 메모한 내용을 중심으로 『내가 돌아본 세계의 농촌』이라는 책을 回甲記念으로 출판하였다. 그로부터 10년이 지난 2005년에는 한국근대화에 공헌한 외국인 선교사의 삶을 기록한 『양화진 선교사의 삶』 책을 발간하고 가족들의 주선으로 古稀를 겸하여 출판기념회를 가졌다. 이 무렵 저자는 한국선교역사에 깊은 관심과 흥미를 가지고 신문과 잡지 등에 연재하면서 책 쓰기를 계속한 결과 선교사에 대한 책을 6권 출판 할 수 있었다. 이중 『양화진 선교사의 삶』 책과 『귀츨라프 행전』은 심혈을 기울여 쓴 책 중의 하나이다. 이 책은 독자가 늘어나 재판이 거듭되어 보람이 있다.

2011년에 출판한 『국촌의 나무 이야기』는 반세기 동안 가깝게 지내는 친구 김두옥 雅兄과의 이야기이다. 2012년에 출판한 『가르침을 주는 풀꽃이야기』는 숲해설가로 활동하면서 이 분야에 관심이 있는 분들에게 도움을 주고자 집필한 책이다.

이번에 출판하는 『건강에 도움 주는 텃밭식물 이야기』는 60여종의 텃밭식물을 주제로 선정하여 서울시 강동구 강일동 84번지에 위치한 교육농장에 전국농업기술자협회(회장 윤천영, 팀장 오인세)의 배려로 시험포를 개설하고 한춘연, 권태웅, 박상은 선생과 공동으로 운영하면서 기록한 책이다. 시험포에는 50여 작물의 씨앗을 뿌리고 가꾸며 풀도 뽑아주고 물을 주면서 일주일 간격으로 노지에 재배한 제철의 채소를 수확하여 이웃과 나누고 체험하면서 저술한 책이다. 관련 문헌 80여종을 수집하여 종합적으로 분석하여 선택적으로 인용하였다. 조선왕조실록 등 고전문헌을 살펴보면서 우리 민족의 세심한 기록문화도 확인하였다. 이렇게 작성된 원고는 일정한 간격으로 원예전문가 이정명 교수의 지도를 받으며 내용을 수정하고 보완하여 이 책이 완성되었다.

이 책의 목차는 우리가 쉽게 접할 수 있는 60여종의 작물을 식물학적으로 분류하고 총 5장으로 구분하여 가나다 순으로 각기 12종씩 편집하였다. 제1장에는 가지, 감자, 고추, 토마토 등 가지과 식물과 수박, 오이, 참외, 호박 등 박과 식물이 포함되었다. 제2장은 머위, 상추, 쑥갓, 우엉 등 국화과 식물과 근대, 비트, 시금치 등 비름과 식물로 구성하였다. 제3장은 무, 배추, 양배추, 케일 등 12종의 배추과 식물로 편집하였다. 제4장은 당귀, 당근, 미나리, 셀러리 등 미나리과 식물과 마늘, 부추, 양파 등 백합과 식물과 꿀풀과의 잎들깨를 포함하였다. 제5장은 강낭콩, 땅콩, 완두, 콩, 팥 등 콩과 식물과 고구마(메꽃과), 옥수수(벼과), 딸기(장미과), 생강(생강과), 아욱(아욱과), 토란(천남성과) 등 기타 식물로 편집하였다.

주요 내용은 각 텃밭식물에 대하여 공통적으로 4개의 항목을 설정하여 기술하였다. 첫 항목은 각 식물들이 지니고 있는 이름의 유래를 살펴보고 학명과 영명을 비롯하여 한자명과 일본 이름 등으로 비교하며 해설하였다. 두 번째 항목은 건강식품으로서 영양학적 가치와 효능 등에 주안점을 두고 이야기 방식으로 전개하였다. 세 번째 항목은 주제와 관련된 東西古今의 역사적 사례를 찾아 생활에 도움이 되고 교훈적인 소재를 뽑아 기술하였다. 네 번째 항목은 텃밭식물에 대한 재배적 특성을 살피고 이를 요약하였다.

한편 본문의 특성상 유사한 내용을 반복적으로 기재하거나 지나친 수치의 나열 등을 피하고자 한 눈으로 이해하고 비교하기 쉽도록 부톤으로 '표'를 만들었다. 예를 들면 텃밭식물의 영양학적 성분가, 1인 1회 섭취량 기준, 텃밭식물과 함께 먹으면 좋은(또는 나쁜) 식품 등이다. 이밖에 '찾아보기'와 '인용 문헌'을 수록하여 참고하도록 하였다.

그러나 이 책은 일정한 기간 중에 쓰여 관련 자료를 종합적으로 평가하고 정밀하게 분석하는데 시간적 제약도 있었다. 따라서 이 책에는 경우에 따라 견해가 다를 수도 있으며 잘못 기록되거나 전달된 부분도 있으리라 생각된다. 이 같은 부분에 대하여는 지속적인 연구와 배우는 자세로 공부를 더해 가면서 발전시켜 나갈 계획이다.

이 책을 출판하는데 여러모로 많은 분들이 도움을 주셔서 대단이 감사하게 생각한다. 자세한 내용은 인사를 겸하여 뒤에 '감사의 글'로 수록하였다.

(shc155@naver.com)

2013. 12. 30

저자 신 호 철

서 평

『텃밭식물 이야기』의 감수 소견

이 정 명
경희대학교 원예생명과학과 명예교수 · 한국과학기술한림원 종신회원

세계적인 흐름이기도 하지만 특히 우리나라에서는 생활수준의 향상, 근무일수 및 시간 단축, 평균수명의 급증, 주거환경의 변화, 건강에 대한 관심 증대 등의 큰 변화가 우리 생활에 크게 영향을 미치고 있다. 이 중에서도 특히 주어지는 여가시간을 어떻게 활용하느냐가 가장 큰 공통관심사로 부상하고 있다. 최근의 조사에 따르면 (Rebecca Rupp, 2012) 미국인의 50% 이상이 가장 중요한 취미로 원예를 손꼽고 있으며, 자신의 텃밭에서 채소작물을 위주로 한 원예식물을 가꾸고, 장식하고, 길러먹고, 전시까지도 하는 다양한 원예활동이 건강한 삶의 유지에 매우 중요하다고 손꼽고 있다. 이와 같은 원예활동에는 적당한 육체노동, 필요한 일광욕, 노동의 대가로 얻는 정서적 안정감과 성취감, 그리고 누구와도 쉽게 건전한 대화를 엮어갈 수 있는 이야기보따리까지 함께 얻어 누릴 수 있는 장점과 즐거움이 있다는 것이다. 하나 더 추가한다면 안심하게 먹을 수 있는 친환경 먹거리를 가장 신선한 상태로 즐길 수 있다는 점이다.

자연을 사랑하는 사람들은 모두 답답한 도시생활에서 누적되는 자연과의 소외감을 보충하기 위해서나, 아니면 나름대로의 수많은 목적으로 쉽게, 그리고 자주 접할 수 있는 자연 환경과 접할 수 있게 되기를 바라고 있다.

이러한 문제를 가장 쉽게 해결할 수 있는 활동으로 우리나라의 경우에는 "텃밭"이라고 요약할 수 있다. 도시인이거나 시골 또는 농어촌이거나 관계없이 집에서 가장

가까운 거리에 있는 장소에 텃밭을 일구고 매일 또는 가능한 한 자주 나가서 땅을 갈고 이랑을 일구고, 씨앗을 뿌리고 적당히 솎아내고, 모종을 옮겨 심고, 물과 비료를 적당히 주어 관리하고, 잡초를 뽑아내고, 적절히 가지치기를 하여 주고, 가지들은 유인하여 원하는 위치에 과일(토마토·고추·가지·오이 등)을 달리게 하면서, 땀을 흘려가면서 정성 들여 식물과의 교감시간을 가지도록 하면, 바로 이것이 최상의 취미요 운동이고, 정서함양수단이 될 수 있다는 점이다.

대도시에서와 같이 가까운 곳에 텃밭을 일구기 힘들다면, 옥상정원도 좋고, 베란다 원예도 좋고, 그도 아니면 "주말농장"에서 잘 준비된 텃밭을 임대하여 키우는 것도 좋은 방법이다. 주말농장의 경우 경기도 인근지역에만 허도 2012년말 현재 252개소가 운영되고 있으므로 거주지에서 가까운 곳을 계약하여 이용하여도 좋다(www.weeknfarm.co.kr). 주말농장은 일반적으로 4~6평(13.2~19.8 m^2) 단위로 분양하는데 비용은 연간 8만~12만원이다.

아울러 이러한 여가선용 활동에 가장 권하고 싶은 책이 있다면 이번에 발간되는 『텃밭식물 이야기』를 손꼽고 싶다. 이 책에서는 우리 주변에서 쉽게 접할 수 있는 60종의 채소에 대하여 이름, 이야기(건강·세계적 및 국내 재배역사와 전통), 재배적 특성을 좋은 사진과 함께 간결하면서도 해학적으로 요약하고 있어서 항상 지니고 다닐 수 있는 독특한 책자이다.

이 책의 저술과 관련하여 저자이신 신호철 선배님과 여러 차례에 걸쳐서 많은 시간을 함께 하면서 선배님의 끊임없이 노력하시고, 항상 호기심에 가득 차 있고, 사람들을 만나서 이야기를 하시기를 즐겨하시며, 무엇보다도 항상 젊게 사시면서 저술에도 몰두하시는 선배님을 보면서 곁에서 도움을 줄 수 있었다는 나만의 기쁨이 있었다는 것을 이 자리를 빌려 표현하면서 앞으로도 계속 멋진 이야기보따리를 꾸려주시기를 당부 드리고 싶다.

축 사

『텃밭식물 이야기』 발간을 축하드립니다

윤 천 영
(사)전국농업기술자협회 회장

'건강에 도움 주는 텃밭식물 이야기' 발간을 우리 협회 전국 10만여 선도농가와 함께 진심으로 축하드립니다.

기존에 텃밭 관련 책들이 많이 있지만 이 책이 남다른 것은 평소 농업·농촌에 많은 관심을 가지고 지난 1년간 우리 협회 '강일동 교육농장'에서 저자인 신호철 통일회원(전 서울·경기연합회 부회장)께서 직접 봄부터 땅을 일구고, 씨앗을 뿌리고, 그 무덥던 여름에도 밭에서 물을 주고, 잡초를 뽑는 등 쉬지 않고 작물을 가꾸고, 관찰하고, 기록하고, 사진 촬영까지 하면서 만든 노력의 결과물이기 때문입니다.

그리고 60가지 주요 작물을 총 5장으로 분류하고 작물별로 칼라 사진과 함께 효능, 역사 등 이야기와 재배 특성 등을 유익하고 알기 쉽도록 기록하였습니다. 부록으로 이름분류, 식품궁합, 영양가, 식품성분표까지 알찬 내용으로 다양하고 알기 쉽게 꾸며 읽는 재미가 있으며, 누구나 책장에 꽂아 두고 필요시 꺼내어 보면 삶의 질을 향상 시키는데 도움이 될 수 있는 책입니다. 도시민 뿐 만 아니라 농업인, 자라나는 청소년 등 모두에게 유익한 책이 될 것이라고 확신합니다.

미국 대통령 영부인 미셸 오바마가 백악관에 직접 텃밭을 일구어 50가지가 넘는 채소를 심고 수확하는 뉴스를 보면서 단순히 먹기 위함이 아니고 먹을거리의 소중함, 환경의 중요성, 땀 흘리는 노동의 가치 등을 자라나는 청소년들 뿐 만 아니라 국민들에게 널리 알려 주기 위한 훌륭한 프로그램이라고 감탄한 적이 있었습니다.

텃밭의 사전적 뜻은 '집터에 딸리거나 집 가까이 있는 밭' 이지만 도시민들에게는 '농촌에서 새로운 삶을 열어 가기 위한 배움의 장, 신선하고 안전한 먹을거리 가꾸기의 장, 자연과 생명의 소중함을 배우는 학습의 장, 가족과 이웃 간의 사랑과 나눔의 장' 으로 활용되는 중요한 장소로 자리를 잡아가고 있습니다.

농촌에 가서 살지 않더라도 평소 채소와 꽃 한포기, 나무 한그루 심고 가꾸고, 농촌과의 교류를 하면서 자연과 함께하는 생활이 우리에게 행복을 안겨주는 삶이라고 생각합니다.

가족 간, 이웃 간의 대화와 정이 사라지고, 콘크리트 숲 속에 갇혀 하늘과 땅 한번 보고 밟기조차 어려운 팍팍한 도회지의 삶에서 잠시 나마 벗어나 자연과 더불어 텃밭에서 농사체험을 하면서 사랑하는 가족과 이웃이 함께 건강·보람·여유·사랑을 가꾸고, 밝은 사회를 열어가는 공동체를 만들어 가는데『건강에 도움 주는 텃밭식물 이야기』가 우리 모두의 삶에 큰 도움이 되리라고 확신합니다.

평생 동안 농업·농촌을 위해 헌신하면서 식물에 깊은 전문성과 애정으로 유익한 책을 만들어 주신 신호철 선생님께 깊은 감사를 드리며, 앞으로도 건강을 유지하여 계속해서 좋은 책을 만들어 주시기를 바랍니다.

다시 한 번『건강에 도움 주는 텃밭식물 이야기』발간을 진심으로 축하드립니다.

▲ 토마토

CONTENTS

2 · 서　문
4 · 서　평
6 · 축　사
8 · 목　차
282 · 감사의 글

제1장

가지과 · 박과 식물 이야기

16 · 항암 등의 효능이 있는 대표적 텃밭식물 **가지**
20 · 한국에 귀츨라프가 1832년 처음 전파한 **감자**
24 · 세계에서 가장 많이 즐겨먹는 양념 재료 **고추**
28 · 다양한 색채와 비타민이 풍부한 **단고추 · 착색단고추**
32 · 세계 10대 건강식품의 하나 **토마토**
38 · 감미로운 향기가 있는 품격있는 **멜론**
42 · 중국 서쪽(이집트)에서 들어온 물이 많은 **수박**
46 · 건강식품으로 새롭게 떠오르는 **수세미외**
50 · 비타민 C와 인슐린 성분이 풍부한 **여주**
54 · 네로 황제가 건강식으로 먹었다는 **오이**
58 · 독특한 향기와 시원한 여름철 건강채소 **참외**
62 · 가장 큰 열매를 맺는 건강식품의 대명사 **호박**

제2장

국화과 · 비름과 식물 이야기

70 · 천연 인슐린 식품으로 평가되는 **뚱딴지**
74 · 고대 로마인들이 즐겨 먹었다는 **로메인 상추**
78 · 식욕을 증진하고 소화를 촉진시키는 **머위**
82 · 날것으로 즐겨 먹는 다양한 품종의 **상추**
86 · 황백색 꽃이 피는 쌈채소로 좋은 **쑥갓**
90 · 잎이 두껍고 아삭아삭한 맛 좋은 쌈상추 **엔디브**
94 · 참나무류 잎을 닮은 **오크리프 상추**
98 · 식이섬유와 이눌린 성분이 풍부한 **우엉**
102 · 민들레 모양으로 은은한 쓴맛이 있는 **치코리**
108 · 줄기와 잎을 언제나 잘라 먹을 수 있는 **근대**
112 · 붉은색 뿌리채소로 고급요리에 이용되는 **비트**
116 · 페르시아(이란)에서 전래된 세계 10대 건강식품 **시금치**

제3장

배추과 식물 이야기

- 124 · 잎은 채소, 씨앗은 양념으로 쓰이는 **갓**
- 128 · 새로 육성된 배추과 식물 **배무채 · 다채**
- 132 · 김치 재료로 이용되는 밭에서 나는 인삼 **무**
- 136 · 김치 식품으로 가장 많이 쓰이는 **배추**
- 140 · 양배추를 진화시킨 녹색꽃양배추 **브로콜리**
- 144 · 강화순무와 제갈량을 연상하는 **순무**
- 150 · 세계 3대 장수식품의 하나 **양배추**
- 154 · 재배기간이 짧은 우주식량 **적환20일무**
- 158 · 식욕을 돋워주는 배추의 조상 **청경채**
- 162 · 양배추류 조상으로 녹즙과 쌈채소로 좋은 **케일**
- 166 · 양배추와 순무가 교배되어 탄생한 **콜라비**
- 170 · 브로콜리처럼 꽃봉오리를 식용하는 **콜리플라워**

제4장

미나리과 · 백합과 · 꿀풀과 식물 이야기

- 178 · 약용식물을 쌈채소로 재배하는 **당귀**
- 182 · 카로틴 성분이 풍부한 황색식품 **당근**
- 186 · 독특한 향미와 해독성이 있는 **미나리**
- 190 · 스태미나를 증진시키는 정력식품 **셀러리**
- 194 · 오늘 잎을 잘라도 내일 또 잘라내는 **신선초**
- 198 · 서양요리 3대 기초식품의 하나 **파슬리**
- 204 · 미국 타임지가 선정한 세계 1위 건강식품 **마늘**
- 208 · 남녀의 정을 오래 지속시킬 수 있다는 **부추**
- 212 · 유황성분과 식이섬유가 풍부한 **삼채**
- 216 · 세계의 위인들도 즐겨 먹은 **양파**
- 220 · 약리적 효능을 지닌 산성식품 **파**
- 224 · 유료(油料)작물에서 쌈채소가 된 **잎들깨**

제5장

콩과 및 기타과 식물 이야기

- *232* · 중국의 서태후가 즐겨 먹었다는 **강낭콩**
- *236* · 꽃이 진후 땅속에서 열매를 맺는 **땅콩**
- *240* · 멘델의 유전법칙을 창출한 **완두**
- *244* · 양질의 단백질 건강식품 **콩**
- *248* · 빵과 죽의 재료 등으로 쓰이는 **팥**
- *254* · 1764년 일본에서 들여온 건강식품 **고구마**
- *258* · 세계 3대 식량 작물의 하나 **단옥수수**
- *262* · 비타민 C가 사과의 10배 들어있는 **딸기**
- *266* · 자양·강장의 건강식품 **마**
- *270* · 독특한 매운 맛과 향기를 내는 **생강**
- *274* · 칼슘 성분이 풍부한 동양적 채소 **아욱**
- *278* · 옹골지고 실속이 있다는 **토란**

부 록

- *284* · 부록1 **텃밭식물 이름 분류**
- *286* · 부록2 **텃밭식물과 함께 먹으면 좋은/나쁜 식품궁합**
- *290* · 부록3 **1인 1회 섭취량 기준 및 텃밭식물 영양가표**
- *292* · 부록4 **텃밭식물 가식부(생체 100g기준)의 식품성분표**
- *294* · 부록5 **참고문헌**
- *297* · 부록6 **찾아보기**

제1장
가지과 · 박과 식물 이야기

16 · 항암 등의 효능이 있는 대표적 텃밭식물 **가지**
20 · 한국에 귀츨라프가 1832년 처음 전파한 **감자**
24 · 세계에서 가장 많이 즐겨먹는 양념 재료 **고추**
28 · 다양한 색채와 비타민이 풍부한 **단고추 · 착색단고추**
32 · 세계 10대 건강식품의 하나 **토마토**
38 · 감미로운 향기가 있는 품격있는 **멜론**
42 · 중국 서쪽(이집트)에서 들여온 물이 많은 **수박**
46 · 건강식품으로 새롭게 떠오르는 **수세미외**
50 · 비타민 C와 인슐린 성분이 풍부한 **여주**
54 · 네로 황제가 건강식으로 먹었다는 **오이**
58 · 독특한 향기와 시원한 여름철 건강채소 **참외**
62 · 가장 큰 열매를 맺는 건강식품의 대명사 **호박**

◀ 수박밭

가지과식물

16 가지　　20 감자　　24 고추
28 단고추·착색단고추　　32 토마토

<감사와 존경의 뜻이 담긴 역사적 기록>

家圃所種西瓜
茄子甚佳欲獻
祝瑞菴申昊哲雅兄出版記念
南江宋河徹書

(가포소종서과 가자심가욕헌)
— 조선왕조실록 중에서 —

텃밭에 심은 수박과 가지가 매우 크고
맛이 있어 바칩니다.
(본문 p.43 참조)

출처: 중종실록, 1526. 9. 11
글씨: 南江 宋河徹

항암 등의 효능이 있는 대표적 텃밭식물 가지

Eggplant

- 과명: 가지과
- 학명: *Solanum melongena* L.
- 한자명: 茄, 茄子, 茄蔕, 崑崙紫瓜
- 영명: eggplant, brinjal
- 일본명: ナス
- 원산지: 인도 등

가지 (미끈이, 농우바이오)

이름

 가지 이름은 가자(茄子)에서 유래한 것으로 생각된다. 한자명은 茄, 茄子, 茄蔕, 弔菜子 등이 있다. 중국의 『본초십유(本草拾遺, 739)』에는 '곤륜자과(崑崙紫瓜)' 라는 기록이 있으며, 이는 티베트 쿤룬(崑崙)지역에 자라는 자주(紫)색 오이(瓜)라는 뜻이 있다. 영명은 달걀(egg)모양의 열매식물(plant)이라는 뜻으로 eggplant라고 한다. 옥스퍼드 사전에는 작은 흰색 달걀형 가지를 가리켰으나 모양이나 색깔에 관계없이 모든 가지를 지칭한다고 하였다. brinjal이라고도 한다. 일본 이름은 나스(ナス)이다.

 학명은 스웨덴의 식물학자 린네가 *Solanum melongena* L. 라고 붙였다. 여기에서 속명 '솔라눔' 의 어원은 라틴어 '솔라멘' 에서 유래하였으며 진정(鎭靜)이란 의미가 있고, 종명 '멜롱게나' 는 오이의 생김새와 비슷하다는 뜻이 있다. 가지의 꽃말은 진실이다.

항암 등에 효능이 있는 자주색 건강식품

가지는 성인병 예방의 건강식품으로 특히 5가지 정도의 효능이 있다. 이를 요약하면 첫째, 가지에는 폴리페놀(polyphenol) 이라는 성분이 있어 항산화 작용으로 발암물질을 억제하여 암을 예방하는 효능이 있다.

둘째, 가지의 안토시아닌 성분은 동맥경화 예방과 혈압을 낮추어 주고, 피를 맑게 해주어 고혈압 치료에 도움을 준다.

셋째, 가지의 식이섬유는 장(腸) 안의 노폐물을 제거해 주어 장의 기능을 강화하는 효과가 있으며, 다이어트 때 나타나는 변비도 방지할 수 있다.

넷째, 가지식품은 차가운 성질이 있어 염증치료에 도움을 준다. 이 성분은 가지의 꼭지부분에 많이 들어 있다.

다섯째, 체온이 높은 사람이 꾸준히 먹으면 열을 내리는 해열 치료에 도움을 주며, 가지의 비타민 성분은 스트레스를 없애주어 피로회복에 도움을 준다.

한편 가지는 약재로서 사용되는 민간요법도 전해오고 있다. 예를 들면 가지의 꼭지 등을 음건(陰乾)하였다가 달여 먹으면 잇몸의 세균성 염증인 구내염(口內炎)을 치료한다. 이밖에 치통(齒痛)과 티눈을 치료하며, 가지의 잎과 줄기는 화상(火傷)과 상처의 치료용으로 쓰인다.

재배역사가 오래된 가지 이야기

텃밭에 주로 재배하는 가지는 인도에서 기원전 300년의 산스크리트어 문헌에

가지(자색종, 아시아종묘)

가지 어린묘

등장한다. 현재 인도와 중국은 가지의 세계 최대의 생산국이다. 유럽에는 595년 아라비아를 경유하여 스페인으로 전파되었으며 13세기 경 확산되었다. 영국에서는 처음에는 관상용으로 재배하였으며 점차 프랑스, 독일, 미국 등으로 전파되어 식용으로 쓰였다.

우리나라의 가지 재배 역사는 중국(宋나라)의 구종석(寇宗奭)이 지은 『본초연의(本草衍義)』에 '신라에는 한 종의 가지(茄)가 나는데 모양이 달걀(鷄子) 비슷하고 엷은 자줏빛(紫色)에 광택이 있으며 꼭지가 길고 맛이 달다' 라는 기록으로 미루어 삼국시대에 이미 가지를 재배한 것으로 보고 있다. 홍길동전의 저자 허균(許筠, 1569~1618)의 『한정록(閑情錄)』에는 '가지는 청명(淸明)때에 볍씨와 동시에 물에 담갔다가, 이랑을 치고 심어, 묘가 2~3치(寸) 자라면 옮겨 심되, 드문드문하게 하며 거름을 자주 한다' 는 기록이 있다. 공주목사 신속(申洬, 1600~1661)은 『사시찬요초(四時纂要抄)』를 인용하여 가지는 물을 좋아하므로 항시 습기가 있도록 해야 한다고 하였다. 홍만선(洪萬選, 1643~1715)의 『산림경제(山林經濟)』에도 '가지는 서리를 두려워하므로 3월(음력) 무렵 서리 내릴 기미가 없어진 다음에 심는 것이 좋다' 고 하였다.

재배적 특성

가지는 가지과의 1년생 또는 다년생 식물로 토마토, 고추, 감자와 함께 텃밭식

가지가 자라는 강일동 텃밭

가지 꽃

물의 대표적 열매채소이다. 가지의 원산지는 인도로 알려져 있으며, 고온성 채소로 생육 적온은 22~30°C이다. 만일 17°C 이하가 계속 되면 생육이 정지된다. 더위에 견디는 힘이 강하고 다비성(多肥性)이다. 강한 광선을 좋아하고 일조량이 부족하면 열매가 광택이 나지 않고 발육도 불량해 진다. 알맞은 토양은 유기질이 풍부하고 토심이 깊은 충적토가 좋으나 적응성이 좋아 어느 곳이나 비교적 잘 자란다. 토양산도는 pH 6.0~6.8 정도이며 연작을 피하고 5년 간격으로 윤작하는 것이 좋다.

얼덜이 (다시아종묘)

가지의 재배시기는 보통 4월에 온상에 파종하여 육묘하고 노지에 아주심기는 6월에 한다. 재식거리는 포기 사이를 60~70cm 간격으로 하고 이랑너비는 1.8~2m으로 한다. 지주는 1.5m 높이로 세운다. 가지자르기는 첫 꽃 밑에 나온 2개의 곁가지와 주지를 합해 3가지를 주지(主枝)로 하고 그 밑에 나오는 곁가지는 모두 따버린다. 수확은 6월부터 서리가 내릴 때 까지 하지만 꽃이 핀 다음 30일 보다 늦게 수확하면 단단해지고 맛이 없다.

아이보리데그 (아시아종묘)

열매 모양은 달걀형, 긴원통형, 동그란 형 등이 있으며, 색깔은 자색, 백색, 황색 등이다. 가지는 보라색이 진할수록 영양가가 좋다. 주요 품종은 껍질이 흑자색으로 광택이 나며 과육이 연한 '흑진주'를 비롯하여 '쇠뿔가지' 등이 있다. 뿌리가 강건하여 토마토의 대목으로도 쓰인다.

한국에 귀츨라프가 1832년 처음 전파한 감자

Potato

- 과명: 가지과
- 학명: *Solanum tuberosum* L.
- 한자명: 馬鈴薯, 圓藷, 北藷
- 영명: Irish potato, white potato
- 일본명: バレイショ, ジャガイモ
- 원산지: 남미의 페루, 칠레 등

감자밭

이름

감자의 다른 이름은 여름철의 하지(夏至) 계절에 수확한다하여 '하지감자'라고도 한다. 생김새가 말(馬)에 다는 방울(鈴)을 닮은 감자(薯)라는 뜻으로 마령서(馬鈴薯)라고도 한다. 한자명은 생긴 모양이 둥글다하여 圓藷, 북쪽 지방에서 들어왔다는 뜻으로 北藷, 오랑캐 나라에서 들어왔다는 뜻으로 蕃藷, 달걀처럼 생겨 卵藷라고도 부른다. 그러나 고구마의 감저(甘藷, sweet potato) 이름과 혼동하여서는 아니 된다.

영명은 아일랜드에서 가장 먼저 식용으로 재배하고 주식(主食)으로 삼았다하여 Irish potato라 한다. 덩이줄기의 색을 상징하여 white potato, 모양에 비유하여 round potato라고도 한다. 일본 이름은 마령서에 비롯되어 바레이쇼(バレイショ) 또는 쟈가이모(ジャガイモ)라고 한다.

학명은 스웨덴 식물학자 린네가 *Solanum tuberosum* L. 라고 붙였다. 여기에서 속명 '솔라눔'은 감자의 아린 맛을 내고 염증을 가라앉히는 솔라닌(solanin) 성분에서 비롯되었다.

항암 등 효능이 있는 우수한 건강식품

남미의 페루에서는 감자를 5천년 이전부터 먹었으며, 유럽에서는 영양가가 풍부하기 때문에 국가적인 식량 개혁으로 막대한 공헌을 하면서 주식이 되었다.

감자의 효능에 대하여 조용묵 박사(2008)의 『감자, 내 몸을 살린다.』에 따르면 감자는 암, 고혈압, 당뇨병, 심근경색에 좋으며 동맥경화와 뇌졸중을 막아주고, 위염, 위궤양, 간염 등에 탁월한 효능이 있다. 그리고 감자에는 비타민 C 와 판토텐산 등 영양소가 풍부하게 들어있어 신체 장기의 점막을 건강하게 하여 위암 등 예방 효과가 있고, 혈당을 급하게 끌어 올리지 않아 당뇨병에 좋으며, 고혈압을 일으키는 요인을 억제하여 혈액이 원활하게 흐를 수 있다.

또 유색 감자의 색소 안토시아닌(anthocyanin)은 세포가 산화되어 늙는 것을 방지하는 노화방지의 기능이 있으며, 감자 섬유소에는 펙틴(pectin) 물질이 들어 있어 콜레스테롤 수치를 낮게 하여 심근경색을 예방할 수 있고, 아르기닌 성분은 점막 세포의 상처 부위를 감싸고 메워주는 작용을 하기 때문에 위염. 위궤양의 치료 효과가 있다. 이처럼 감자는 우리 몸의 중요한 건강식품으로 그 수요가 계속 늘어날 것으로 전망된다.

1832년 한국에 감자를 처음 전한 귀츨라프 선교사 이야기

감자가 우리나라에 처음 심겨진 것은 1832년 7월 30일 독일인 선교사 귀츨라프(Karl F. A. Gutzlaff)에 의하여 원산도(충남) 섬에 처음으로 심었다는 역사적

텃밭에서 수확한 감자

감자 꽃

귀츨라프(1803~1851)

기록이 있다. 이 부분을 저자는 첫째, 김창한(金昌漢)의 『원저보(圓藷譜, 1862)』에 1832년 '영국선박'이 '전북해안'에 머물면서 귀츨라프가 씨감자를 나누어 주고 재배법을 가르쳤다. 이규경(李圭景)의 『오주연문장전산고(五洲衍文長箋散稿, 1847)』에는 '북저변증설(1824)'과 홍주(충남) 땅 '불모도(不毛島)'에 영국선박이 정박하였을 때 심었다는 '불모도파종설(1832)'의 2가지 설이 있다. 고증 결과 영국선박이란 린제이 함장이 이끄는 Lord Amherst호이며, 지명은 원산도로 확인하였다.

감자 문헌 계보

둘째, 1884년 내한하여 초대미국공사로 활동한 알렌(H. Allen)의 『Korea Fact and Fancy(1904)』에 따르면 1832년 영국선박 암허스트호가 조선을 방문하여

감자의 잎과 줄기

싹트고 있는 감자 (이정명)

귀츨라프가 감자를 심어주고 재배법을 가르쳤다'고 하였다. 그 후『휘트모어(N. Whittemore) 논문(1920)』으로 이를 재확인하였다. 이는 귀츨라프의 일기 원문과 린제이 보고서와 일치한다.

셋째, 1832년 7월 30일자 귀츨라프 일기에 따르면 '오늘 오후 우리는 해안에 감자를 심으러 갔으며 성공적인 감자 재배방법에 대하여 필요한 내용을 글로 써주고 파종하였다'고 하였다.

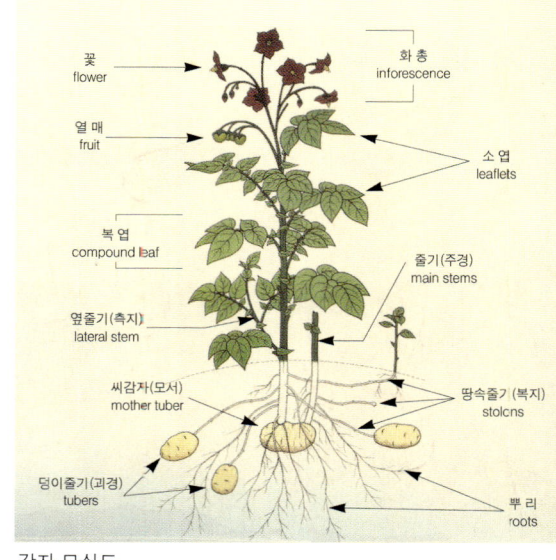

감자 모식도

This afternoon we went ashore to plant potatoes, giving them in writing the directions necessary to follow for insuring success.

함장『린제이(H. Lindsay) 보고서』에도 '우리 일행은 감자를 심기위해 상륙하였다. 귀츨라프는 감자 재배방법을 자세히 기록하고 100개가 넘는 감자를 심었으며, 수백 명의 주민들은 놀라운 표정으로 지켜보고 있었다.' 라고 하였다.

재배적 특성

감자는 가지과 식물의 1년생 덩이줄기(塊莖) 채소로 원산지는 남아메리카의 페루와 칠레 등 Andes 고산지대이다. 감자의 생육 적온은 18~23°C로 서늘한 기후가 좋다. 재배에 알맞은 토양은 배수가 잘되는 사질양토이며, 토양산도는 pH 5.0~6.0 정도가 적당하다. 텃밭에 씨감자를 심을 때에는 이랑 사이를 75~80cm 정도로 하고, 포기 사이는 20~25cm 정도로 한다.

감자의 대부분 병은 씨감자를 통하여 전염되므로 바이러스 등이 감염되지 않은 무병하고 건전한 종서(種薯)를 선택하여야 한다. 봄감자의 재배시기는 보통 3~4월에 파종하여 7~8월에 잎과 줄기가 노랗게 변할 때 수확한다. 싹이 10cm 정도 자라면 1차 북주기를 한다. 감자는 물을 많이 필요로 하지 않지만 새싹이 올라올 때와 꽃이 피는 시기에는 물을 주는 것이 좋다.

세계에서 가장 많이 즐겨먹는 양념 재료 고추

고추 (농우바이오)

Hot Pepper

- 과명: 가지과
- 학명: *Capsicum annuum* L.
- 한자명: 苦椒, 蕃椒, 唐椒
- 영명: red pepper, hot pepper
- 일본명: トウガラシ
- 원산지: 남미의 볼리비아, 페루 등

이름

고추의 이름은 음식의 맛을 내는 향신료(香辛料)라는 뜻의 고초(苦草) 또는 고초(苦椒)에서 유래하였다. 한자명은 남쪽 오랑캐 나라에서 들어왔다는 뜻으로 남만초(南蠻草) 또는 번초(蕃椒)라고 하며, 당나라에서 들어 왔다는 뜻으로 당초(唐椒)라는 이름도 있다. 영명은 고추의 붉은 색을 상징하여 red pepper, 매운맛이 있다고 하여 hot pepper 또는 chili 라고 한다. 일본 이름은 도우가라시(トウガラシ)이다.

학명은 스웨덴 식물학자 린네(1707~1778)에 의하여 *Capsicum annuum* L. 라고 붙여졌다. 여기에서 속명 캡사이쿰은 고추에 매운 맛을 내는 캡사이신(capsaicin) 성분에서 비롯되었으며, 종명 아눔은 1년생이라는 뜻이 있다.

고추의 매운맛 캡사이신 성분의 효능

고추는 매운맛을 내는 캡사이신(capsaicin) 성분이 가장 큰 매력이다. 『국립원예특작과학원 자료』에 따르면 고추에 들어있는 캡사이신은 적색성분으로 타액이나 위산분비를 촉진시켜 소화 작용을 돕는다. 그리고 체지방을 분해하는 효과가 있으며, 혈류량을 증가시키고 뇌신경을 자극하여 엔도르핀이 분비되기 때문에 스트레스 해소에도 탁월한 효과가 있다. 피부암, 위암, 폐암 등의 예방 효과가 있으며, 식생활이 고급화 되면서 동맥경화, 고혈압, 당뇨병 등 원인의 비만 예방 식품으로도 효능이 있다.

한편 풋고추는 많은 당질과 비타민을 함유하고, 칼슘 등 미량성분과 유기산도 함유되어 있다. 풋고추에 함유된 비타민 C는 사과의 20~30배, 귤의 2~3배 정도로 풍부하다.

세계에서 가장 매운 고추는 인도의 '부르졸로키아' 품종이며 우리나라에서 가장 맵다는 청양고추보다 25~30배 정도 더 맵다. 청양고추는 청양(충남)지방 재배종으로 여기고 있지만 이 고추는 '구 중앙종묘회사'에서 개발한 상표명이다.

세계에서 고추를 가장 많이 즐겨먹는 한국인

전 세계에 사는 인구 4명중 3명은 고추를 먹고 있다. 그 중 한국인은 특별히 고추를 많이 먹는다. 『농촌진흥청 자료』에 따르면 우리나라의 1인당 연간 고추 소비량은 건고추 기준으로 4kg 정도이며 이는 세계에서 가장 많은 양이라고 한다.

『국민건강영양조사』결과에서 한국인의 1일 고추 섭취량은 1998년 5.2g에서 2005년에는 7.2g로 40% 급속하게 증가하였다. 김치 등에 주로 쓰이는 고추는

아시아점보 (아시아종묘)

베테랑 (농우바이오)

이제 우리나라에 없어서는 아니 되는 중요한 식품으로 발전하였다. 그러나 우리 민족이 고추를 먹기 시작한 역사는 길지 않다.

고추의 재배 역사는 남아메리카에서 기원전 850년경부터 재배되었다. 그리고 1493년경 스페인 정복자들에 의하여 유럽으로 전해져 16세기에 서양에 전파되고, 17세기에 동양에 들어 왔다.

우리나라에 고추가 들어온 경로는 인도에서 중국을 통하여 들어왔다는 설이 있다. 이수광의 『지봉유설(芝峰類說, 1614)』에 남만초(南蠻草)라는 기록이 있고, 당(唐)나라를 상징하는 당초(唐椒)라는 고추의 이름이 그 근거이다.

한편 임진왜란(1592~1598) 무렵 포르투갈에서 일본을 경유하여 들어왔다는 설도 있다. 왜개자(倭芥子)라는 고추 이름이 이를 뒷받침한다.

김영진 박사(2010)의 『농업·식품고전과 농정고사』에 따르면 1487년의 구급간이방(救急簡易方)에 초(椒)라 기록되어 있고, 1527년 『훈몽자회(訓蒙字會)』에도 고추(椒)가 명기된 것을 근거로 고추는 15세기부터 식품으로 쓰인 것으로 풀이하고 있다. 그러나 18세기 이전 까지는 우리가 지금처럼 고추를 즐기거나 많이 먹지는 않았다.

재배적 특성

가지과 식물인 고추는 1년생 또는 다년생 열매채소이다. 원산지는 남아메리카

고추 어린묘

강일동 텃밭에서 재배한 고추의 V자형 첫가지

의 볼리비아와 페루 또는 파라과이와 브라질 접경 지역이다. 고추의 생육 적온은 20~30°C로 높은 온도를 좋아하는 고온성 채소이다. 그러나 30°C 이상에서는 기형고추 발생률이 높아진다. 가뭄에 비교적 잘 견디는 편이나 장마에는 약한 편이다.

고추재배에 알맞은 토양은 비옥하고 보수력이 있으면서 배수가 잘되는 양토 또는 식양토(埴壤土)가 좋으며, 토양산도는 pH 6~6.5가 적당하다.

고추의 재배시기는 3~6월에 씨뿌리기(아주심기)하여 7~10월에 풋고추와 홍고추를 수확한다. 육묘기간이 70~90일 정도 소요되므로 텃밭에는

고추의 식물체

묘(苗)를 시중에서 구입하여 늦서리가 지난 5~6월에 심는 것이 좋다. 묘를 선정할 때에는 흰색의 굵은 뿌리가 잘 발달되어 있고, 줄기가 적당히 굵으며, 마디 사이가 짧아야한다. 잎은 두텁고 비교적 작아야하며, 색이 너무 진하거나 연하지 않아야 한다.

텃밭에 심는 포기 사이의 간격은 30~50cm 정도로 하고, 높이 1.2~1.5m 정도의 지주(支柱)를 세워야 한다. 비가 오지 않을 때 물주기는 4~5일 간격이 적당하며, 2~3차례의 웃거름 비료도 주어야 한다. 역병이나 탄저병(炭疽病) 등도 철저히 대비하여야 한다. 첫 꽃이 달리는 방아다리 아래 측지는 제거해 주어야 한다.

수확한 고추는 김치 등의 다양한 식품재로 쓰이지만, 붉은 색소를 추출하여 과자류와 화장품 재료로도 쓰인다. 이밖에 통증을 줄여주는 의약품(파스)과 보온용 내복을 만들거나 데모와 폭동을 진압하는 최루탄 가스를 만드는 특수재료로도 쓰이고 있다.

다양한 색채와 비타민이 풍부한 단고추·착색단고추

착색단고추

Sweet Pepper

- 과명: 가지과
- 학명: *Capsicum annuum* L.
- 한자명: 甛椒, 大統仔, 靑椒
- 영명: sweet pepper, bell pepper
- 일본명: ピマン
- 원산지: 중앙아메리카 멕시코 등

이름

　단고추 이름은 단맛이 있는 고추라는 뜻으로 '피망'을 의미하고, 착색단고추는 '파프리카'를 의미한다. 그러나 피망과 파프리카는 일본에서 잘못 붙여진 이름이 국내에서도 그대로 통용되는 경우이다. 즉 피망이란 스페인어 'pimento'를 영어식으로 표현하고 다시 일본어로 발음하면서 정착된 이름이다. 파프리카는 헝가리에서 1569년 'paprika'라고 붙인 이름이며, 그 어원은 고대 그리스어 'peperi' 또는 슬라브족들이 고추 전체를 총칭하여 부르는 이름 'paparka'에서 유래하였다.

　한자명은 甛椒, 大統仔, 靑椒이다. 영명 sweet pepper는 단맛이 나는 맵지 않은 고추라는 뜻이 있고, bell pepper는 고추의 모양을 상징하며, pimento 라는 이름도 있다. 일본 이름은 프랑스어에 비롯된 피망(ピマン)이다.

　학명은 *Capsicum annuum* L. 이다. 여기에서 속명 '캡사이쿰'은 종자를 싸고 있는 고추꼬투리의 모양이 상자와 비슷하여 상자(봉지)를 뜻하는 라틴어 캅사(capsa) 또는 얼얼한 고추의 맛을 상징하여 그리스어 캅토(kapto)에서 유래하였다. 종명 '아눔'은 1년생이라는 뜻이 있다.

단고추의 영양학적 가치와 효능

단고추에 함유된 비타민 C는 과채류 중에서도 매우 높으며 샐러드 등으로 이용되고 있다. 착색단고추는 녹색, 적색, 주황색, 노란색 등 다양하며 시각적 효과가 뛰어나고, 보통의 고추보다 과육이 두터우며 맛이 좋고 아삭아삭하여 인기가 높다. 이들은 비타민이 풍부한 반면 열량은 적어 다이어트 식품으로 효능이 있다. 단고추의 피라친 성분은 심근경색의 예방 효과가 있다.

단고추의 영양학적 가치에 대하여 농촌진흥청『국립원예특작과학원 자료』에 따르면 비타민 철분 등 영양이 풍부한 채소로 비타민 A, C의 보고이며, 독특하고 싱그러운 향이 있는 과채류이다. 100g당 비타민 C의 함량은 착색에 따라 일부 다르지만 일반적으로 주황색이 167mg정도로 가장 많고, 다음으로 녹색(162mg), 적색(140mg), 노란색(122mg) 순으로 함유되어 있다. 베타카로틴은 착색이 좋을수록 증가하지만 일반적으로 적색은 3,335mg 정도로 가장 많고, 다음으로 주황색(2,270mg), 노란 색(750mg), 녹색(185mg)의 순으로 함유되어 있다.

단고추에 함유되어 있는 비타민 C는 항산화 효능이 있고, 괴혈병 등에 효과적이다. 빈혈, 잇몸의 출혈, 골격의 약화 등에 도움을 주는 건강식품이라 할 수 있다.

파프리카 (슈퍼엘로우, 아시아종묘)

파프리카 (슈퍼 오렌지, 아시아종묘)

대표적인 영양성분인 베타카로틴은 노화방지에도 효과적이다. 피부 보호와 골격 성장에도 도움을 주며, 위액분비의 촉진, 식욕 촉진, 혈액순환 촉진 등에 효과가 있다.

단고추 수입종과 국산화 육성의 발전과정

우리나라에 단고추·착색단고추가 본격적으로 재배된 것은 1995년 전북 김제에서 시작된 이래 고소득 작물이라는 인식이 확산되고, 비타민이 풍부하게 함유되어 국내와 외국에서 수요가 증가되어 재배도 활성화 되어가고 있다. 이 부분에 대하여 한국원예학회(2013)의 『한국원예발달사』에 따르면 우리나라에 재배되고 있는 파프리카의 대부분은 네덜란드에서 육종되어 수입된 품종이다. 우리나라에 처음 들어와 재배된 품종에는 빨간색(Spirit), 노란색(Fiesta), 오렌지색(Boogie) 품종 등이다. 그리고 최근에 주로 재배되는 품종으로는 빨간색의 'Cupra' 등을 비롯하여, 노란색의 'Coletti' 등과 오렌지색의 'Orange Glory' 등이 있다.

이와 같은 과정에서 수입되는 종자 값이 너무 비싸고, 국산화를 위한 재배기술 발전이 요구됨에 따라 우리나라 환경에 적합한 신품종 육성사업이 추진되었다. 그 결과 2012년부터 'Red star', 'Yellowstar', 'Orangestar' 등 색깔별로 3품종이 육성되어 지역별 농가를 대상으로 시험재배 중에 있다. 또한 파프리카의 신

파프리카 (젠트라, 농우바이오)

단고추가 자라는 텃밭

품종으로 저온에 강하고 착과력이 우수한 레드계의 '코리'를 비롯하여, 착색이 아주 빠르고 선명한 '젠트라' 품종도 육성되었다. 그리고 '파프코레드 및 파프코오랜지' 등도 육성되어 보급되고 있다.

한편 단고추(피망) 신품종의 경우에는 그 동안 일본 품종에 주로 의존하던 것을 2000년부터 국산 품종 개발을 목표로 추진한 결과 수량성과 품질이 우수한 '수페리어' 품종이 개발되어 2010년 경남지방에서 품평회가 개최되었다. 착색단고추(파프리카)는 일본인들이 특히 선호하여 매년 막대한 양을 수출하고 있다.

파프리카 (슈퍼레드, 다시아종묘)

재배적 특성

가지과 식물의 단고추는 1년생 또는 다년생 열매채소이며, 원산지는 중앙아메리카의 멕시코 등이다. 단고추(피망)과 착색 단고추(파프리카)는 다소 다른 특성이 있지만 유사점도 있어 일반적으로 이들을 명확하게 구분하기는 쉽지 않다.

생육 적온은 18~24°C 정도이며, 13°C 이하에서는 뿌리 신장이 낮아지고 양분흡수가 억제된다.

시설재배를 주로 하며 텃밭재배의 경우에는 육묘된 묘를 구입하여 심는 것이 좋다. 재배에 알맞은 토양은 비옥하고 보수력이 있으면서 배수가 잘되는 양토 등이며 적당한 토양산도는 pH 6~6.5 정도이다. 수확물의 알맞은 저장온도는 8~10°C이며, 이 온도에서 보통 3~4주 정도는 보관할 수 있다.

세계 10대 건강식품의 하나 토마토

Tomato

- 과명: 가지과
- 학명: *Lycopersicum esculentum* Mil.
- 한자명: 蕃茄, 赤茄子, 洋茄子, 南蠻柿
- 영명: tomato, love apple
- 일본명: アカナス, トウガキ
- 원산지: 남미 안데스산맥 고산지대

토마토

이름

  토마토의 우리말 이름은 영명의 'tomato'에서 비롯되었다. 한자명은 붉은가지라는 뜻의 赤茄子, 서양에서 들어온 감이라는 뜻의 西紅柿, 오랑캐 나라에서 들어온 가지 또는 감이라는 뜻으로 蕃茄 또는 南蠻柿를 비롯하여 小金瓜 등의 이름이 있다. 일본 이름은 영명에서 유래하여 도마도(トマト), 붉은가지라는 뜻의 아가나스(アカナス)와 도우가기(トウガキ) 등이 있다.

  학명은 *Solanum lycopersicum* Mil. 이라 하였는데 후에 솔라눔에 속하는 식물 중에 독이 있는 식물이 있어서 사람들이 토마토를 독이 있는 것으로 생각하게 하였다. 그리하여 식품분류학자 밀러(Miller)는 1754년 토마토를 솔라눔 속으로부터 분리하여 *lycopersicum*속으로 다시 분류하였다. 그리고 재배되는 토마토의 종명을 식용이 가능하다는 뜻으로 *esculentum*으로 붙였다. 이렇게 새로 붙여진 학명은 유럽 사람들에게 토마토를 식품으로 인정하게 하는데 크게 도움을 주었다.

적색 색소의 대표적 건강식품 토마토

유럽에는 '토마토를 재배하는 집에는 위장병이 없다'라는 속담이 있다. 토마토는 세계적으로 가장 중요한 적색(赤色) 색소의 대표적 식품이다. 토마토는 미국의『타임지』가 선정한 '세계 10대 건강식품'으로 뽑혔다. 여기에는 시금치, 마늘, 브로콜리 등도 포함되어 있다. 토마토에는 비타민류와 미네랄이 풍부하여 생식은 물론 각종 가공식품으로 많이 소요되며 건강식품으로 탁월한 효능이 있다.

신준우의『성인병 관리비법』(2012)에 따르면 토마토는 위와 장을 보호하며 소화기능을 촉진하고 대소변의 배변(排便)을 원활하게 한다. 특히 토마토에는 붉은 색소인 라이코펜(lycopene) 성분이 많이 들어 있어 암이나 동맥경화를 예방한다. 라이코펜 성분은 토마토가 빨갛게 잘 익을수록 많이 있다. 토마토를 익혀서 먹으면 라이코펜 흡수량이 크게 증가하므로 익혀서 먹는 것이 좋다. 설탕을 넣어 먹으면 라이코펜 흡수를 방해한다.

또 토마토의 루틴 성분은 혈관을 튼튼하게 하고 혈압을 내리는 작용을 하기 때문에 고혈압에도 대단한 효능이 있다. 토마토는 하루에 2개 정도 먹는 것이 적당하다.

미국에서는 19세기 중반 이후부터 토마토 소비량이 급속하게 증가하였다. 하버드 대학의 에드워드 박사는 토마토를 즐겨먹는 고령 암환자를 대상으로 조사한 결과 '암 사망 확률이 토마토를 먹지 않는 사람에 비하여 50% 이상 낮았다'

대추형 토마토 (황복, 아시아종묘)

대추형 토마트 (홍복, 아시아종묘)

고 하였다. 토마토를 즐겨먹는 하와이 원주민은 위암 발생률이 적고, 노르웨이 사람들은 폐암 발생률이 적다는 이야기도 있다.

토마토의 전래와 식품화 과정

농촌진흥청의 『국립원예특작과학원 자료』에 따르면 토마토는 남미의 페루 지역에 살던 잉카 인디언들이 옛날부터 매우 작고 둥근 야생의 방울토마토를 재배하기 시작하였다. 그리고 멕시코의 아즈텍 인디언들은 가장 크고 맛이 좋은 토마토로부터 종자를 받아 재배를 거듭하여 상당히 큰 토마토를 생산하게 되었다.

1521년 멕시코를 탐험한 스페인의 헤르난도 코르테스(Hernando Cortes)와 그 병사들은 귀국길에 그 토마토를 가져가 유럽에 전파하였다. 유럽 사람들은 처음에 토마토 냄새를 싫어하여 먹기를 거부하였다. 그리고 토마토는 독을 가지고 있어 먹으면 죽는다고 생각했다. 그리하여 1500년대 말까지 토마토는 영국, 독일, 벨기에, 프랑스 등에서 식품이 아니라 정원의 화초로 가꾸면서 관상용으로 재배하였다.

그 후 토마토를 직접 먹어본 결과 생명에 안전할 뿐 아니라 맛이 좋고 건강에도 좋다는 것을 알게 되어 점차 좋은 식품으로 정착되게 되었다. 1812년 토마토는 지중해 시칠리아 섬에서 재배되어 이탈리아의 로마와 나폴리의 시장에 연중 공급하게 되었으며 경제재배 식물로 발전하였다.

방울형 토마토

토마토 어린묘

한편 우리나라에 토마토가 전래된 시기는 자세히 알 수 없으나, 1614년 이수광(李睟光)이 지은 『지봉유설(芝峰類說)』의 기록에 남만시(南蠻柿)라는 한자명 토마토의 이름이 수록된 것으로 미루어 17세기경에 중국에서 들어온 것으로 추정할 수 있다.

재배적 특성

토마토의 원산지는 남미의 페루 안데스산맥 고산지대(칠레, 콜롬비아 포함)이다. 1년생 열매채소로 생육적온은 17~27°C이다. 호온성(好溫性) 채소이지만 30°C 이상의 고온과 다습하면 착과가 불량해지고, 품질이 저하되며 병해 발생의 원인이 된다. 육묘기의 야간온도가 12°C 이하가 되면 기형과 발생이 증가한다.

토마토 재배에 알맞은 토양은 배수가 잘되는 양토(壤土)가 적당하며, 토양산도는 pH 6.5~7.0 범위에서 생육이 양호하지만 pH 5.0 정도의 산성에도 잘 견딘다. 연작을 피하고 3년 간격으로 윤작하는 것이 좋다.

토마토의 재배 시기는 3~6월에 씨뿌리기(아주심기)하여 6~9월에 수확한다. 육묘기간은 70~80일 정도 소요되므로 묘(苗)를 시중에서 구입하여 5월 중~하순에 심는 것이 좋다.

재식거리는 포기사이를 35cm정도로 하고 이랑너비는 90cm 정도로 한다. 지주(支柱)를 1.8~2m 높이 정도로 세워야 한다. 텃밭에 재배하는 경우 연작(連作)을 피하는 것이 좋다. 텃밭에서는 보통 방울토마토를 재배하는 것이 용이하다.

대목 (닥터큐, 농우바이오)

강일동 텃밭에 성숙중인 토마토

박과식물

38 멜론   42 수박   46 수세미외   50 여주
54 오이   58 참외   62 호박

<신중하게 행동하라는 교훈>

祝申昊哲雅兄出版記念
南江宋河徹書

瓜田不納履
李下不整冠

(과전불납이 이하부정관)
- 烈女傳 중에서 -

오이 밭에서는 신발을 고쳐 신지 아니하고,
자두나무 아래에서 갓을 고쳐 쓰지 아니한다.

(본문 p.56 참조)

출처: 劉向의 烈女傳
글씨: 南江 宋河徹

◀ Pumpkin

감미로운 향기가 있는 품격있는 멜론

Melon

- 과명: 박과
- 학명: *Cucumis melo* L. var. *reticulatus*
- 한자명: 洋香瓜, 密瓜, 梨仔瓜
- 영명: melon, muskmelon
- 일본명: ネットメロン
- 원산지: 아프리카 서부, 중앙아시아의 이란 등

멜론 (얼스 킹스타, 농우바이오)

이름

　멜론의 이름은 외래어에서 비롯되어 우리말로도 그대로 쓰고 있다. 한자명은 동양참외(香瓜)와 비교하여 서양참외라는 뜻으로 洋香瓜라고 한다. 密瓜, 梨仔瓜라고도 하며, 甛瓜, 甘瓜 이름을 참외와 혼용한다. 영명은 melon, muskmelon, netted melon 등 이다. 일본 이름은 그물무늬가 형성된 참외라는 뜻으로 넷도메론(ネットメロン) 이라 한다.

　네트멜론의 학명은 *Cucumis melo* L. var. *reticulatus* 이다. 여기에서 속명 '쿠쿠미스'는 라틴어의 냄비 또는 속이 비어있는 그릇이라는 뜻의 쿠쿠마(cucuma)에서 유래하였다. 과실을 잘라 두 조각을 낸 모양이 그릇과 닮았기 때문이다. 종명 '멜로'는 동그란 모양의 사과를 지칭하는 과실의 모양에서 비롯되었다. 변종명 '레티쿨라투스'는 그물무늬가 있는 껍질을 의미한다.

멜론의 영양학적 성분과 효능

　멜론은 독특한 향기와 단맛이 있고 보기에도 아름다워 인기를 더해가는 성장

가능한 품격있는 작물로 주목받고 있다. 멜론의 영양학적 성분과 효능에 대하여 농촌진흥청『국립원예특작과학원자료』에 의하면 멜론의 생체중 약 88%의 수분을 제외한 대부분의 성분은 탄수화물(건물중의 83% 정도)이며 탄수화물의 대부분은 가용성 당성분이라고 하였다. 과육의 색깔은 녹색, 황록색, 적색 등 다양하지만, 대체적으로 녹색이나 황색 과육에는 비타민 C의 함량이 많고, 적색의 과육에는 카로틴이 많아 비타민 A의 함량이 높다.

이밖에 멜론에는 이뇨작용이 있는 칼륨과, 콜레스테롤 수치를 낮추는 성분(펙틴)도 함유되어 있다.

재배 기술의 발전과 멜론에 얽힌 이야기

우리나라 멜론재배의 발전과정에 대하여 한국원예학회(2013)의『한국원예발달사』에 따르면, 1954년 부산(동래)의 중앙원예기술원에서 우장춘(1898~1959) 박사가 새로운 작물을 소개하는 수준에서 처음 재배되었다. 그리고 1960년대에 농촌진흥청 원예시험장에서 네트멜른, 무네트멜론, 대목 등 11품종의 비교시험 등 육종의 초기단계로 전개되었다. 1980년대에 이르러 교배종을 일본에서 도입하여 내병성 품종과 교배하여 우리나라에서 처음으로 '풍미'라는 품종을 개발 보급하여 실용화 단계로 기반이 구축되었다. 1990년대 이후에는 관 주도에서 민간육종회사와 병행하여 'VIP멜론' 등 국산품종을 육성하는데 성공

황피 멜론 (황금, 아시아종묘)

네트멜론 (마운틴, 아시아종묘)

하여 본격적인 확산재배 단계에 이르렀으며, 재배기술은 계속 발전하고 있다.

세계사적 측면에서 멜론은 BC 13세기경 고대 이집트의 사원 벽화에 그려지고 지금까지 3천년이 넘게 중요한 채소 중의 하나로 여기고 있다.

룹(2012)의 『당근, 트로이 전쟁을 승리로 이끌다』에 따르면 프랑스 황제 루이 14세(1638~1715)는 베르사유 궁전에 7품종의 멜론을 온실에서 재배하였다. 그리고 미국 대통령 토머스 제퍼슨(1743~1826)은 몬티셀로에 멜론을 심었다. 폰스 교수(리옹의대 학장)는 멜론요리법 50가지를 1583년 발표하였으며, 존 에벌린은 1699년 멜론을 '가장 품격있는 밭작물'이라고 극찬하였다.

멜론은 『구약성경(민수기 11: 5)』에도 기록되어 있다. 이스라엘 민족이 애급에서 먹었다고 기록된 '오이'가 바로 '멜론'이다.

이스라엘 성서식물학자 마이켈 조하리 교수(1986)는 『성서식물』에서 오이로 번역된 히브리어의 'kishuim'과 'mikshah'의 정확한 번역은 오이가 아니라 멜론이며, 오이는 성서시대에 애급에는 없었다.

저자는 1969년 8월 28일 멜론을 처음 먹어 보았다. 일본 긴키(近畿)지방 아츠미(渥美)반도에 위치한 유리온실 재배지에서였다. 농림성(農林省) 안내로 '도요가와(豊川)용수개발' 평야부 답사 과정에서 밭작물 재배상황을 돌아보다가

온실의 멜론 재배

멜론에 특별히 관심을 보이자 곤도(近藤)씨가 한 상자를 선물해 주었다. 첫날 먹어본 멜론은 맛이 너무 없었다. 그중 일부를 1주일 정도 지나 먹어 보니 그제야 맛이 달고 부드러웠다. 멜론은 완숙되어야 당분이 많고, 일찍 수확하는 경우에는 일정기간 후숙한 뒤에야 부드럽고 감미로운 향이 있다는 사실을 이때 알았다. 당 함량이 최적 수준에 이르면 네트멜론은 줄기에서 쉽게 떨어진다.

육종학자 우장춘 박사는 현존 종을 소재로 또 다른 종을 합성해 낸다는 종의 합성이론(Aburana 屬에 있어서의 게놈분석)을 발표하여 세계적인 육종학자가 된 인물이다. 그는 일본에서 한국으로 돌아와 배추, 무, 양배추, 토마토, 수박 등 우량의 채소를 확보하였으며 강원도 감자와 제주도의 감귤 등 우량종 육종에도 공헌하였다. 특히 씨 없는 수박을 만든 것으로 유명하지만 이 부분은 사실과 다르다. 그는 1953년 처음으로 재배는 하였지만 실제로 씨없는 수박을 만든 사람은 일본의 기하라 히토시(木原均)가 1943년에 만들었다.

우장춘 박사 (1898~1959)

재배적 특성

멜론은 박과에 속하는 1년생 덩굴식물로 원산지는 아프리카, 중앙아시아 등이다. 생육적온은 25~30°C 이다. 고온성 채소로 참외보다 2~3°C 높은 온도를 요구하며 생육한계 온도는 35°C 정도이다.
재배에 알맞은 토양은 사질토양에서 점질토양에 이르기까지 폭이 넓고, 토양 산도는 pH 6~6.5 정도이다. 뿌리가 얕게 뻗는 특성이 있으므로 수분의 변화에 민감하다. 멜론의 재배는 주로 하우스(온실) 시설을 이용한다. 그리고 수박, 참외 등과 같은 방법으로 접목묘를 이용하기도 한다. 이는 병해의 방지, 내한성과 내서성의 향상, 흡비력 증대, 연작장애 방지 등의 효과를 기대하기 때문이다. 멜론은 일조량이 풍부해야 당도가 높아지고 품질이 좋아진다.

멜론은 보통 과실의 표면에 그물무늬가 형성되는 네트멜론과, 무네트 멜론인 참외형 멜론으로 분류하고 있다.

중국 서쪽(이집트)에서 들여온 물이 많은 수박

Watermelon

- 과명: 박과
- 학명: *Citrullus lanatus* Thunb.
- 한자명: 水瓜, 西瓜, 夏瓜
- 영명: watermelon
- 일본명: スイカ
- 원산지: 아프리카 이집트 등

수박밭

이름

　수박의 이름은 '물이 많은 박' 이라는 뜻으로 한자어 '수(水)' 와 우리말 '박' 의 합성어에서 비롯된 것으로 추정된다. 한자명은 보통 水瓜 라고 한다. 중국의 서쪽 이집트에서 인도를 경유하여 들어온 과실이라는 뜻으로 西瓜라고 하고, 여름에 먹는다하여 夏瓜 라고도 한다. 영명은 수분이 많은 멜론이라는 뜻으로 watermelon라고 한다. 일본 이름은 한자명 서과를 인용하여 스이가(スイカ)라고 부른다.

　학명은 *Citrullus lanatus* Thunb. 이다. 여기에서 속명 '씨트룰루스' 는 레몬 (lemon)을 상징하는 표현으로 수박의 속 과육(황육종)의 착생하는 것에 비롯되었으며, 종명 '라나투수' 는 수박 열매가 어릴 때 부드러운 털이 있다는 뜻으로 붙여진 것이다. 수박 학명은 과거에는 *C. vulgaris* 라 하였다.

갈증을 풀어주고 피로회복에 도움을 주는 수박

　수박의 식품가치와 효능에 대하여 이정명 교수(2013)의 『채소학 각론』등을 종합해 보면 첫째, 수박의 수분함량은 91% 정도로 높고 열량은 낮다. 포도당, 과당 등의 당질이 많이 함유되어 갈증을 풀어주고 피로회복에 도움을 준다.

둘째, 수박 과육의 붉은색에는 라이코펜(lycopene) 성분이 함유되어 암세포 성장의 억제와 항암작용을 하는 약리적 기능이 있다.

셋째, 수박에 들어있는 씨트룰린(citrulline)이라는 아미노산 성분은 고혈압, 당뇨병, 신장병 환자들에게 효능이 있으며, 이뇨작용과 체내의 독성물질을 배출한다.

넷째, 베타카로틴 성분이 참외보다 5배 이상 많이 함유되어 피부미용에 효과가 있다.

특히 수박은 기호적 식품으로 『조선왕조실록』에 깊은 이야기가 기록되어 있다. 예를 들면 1526년 9월 중종임금이 사냥을 나갔을 때, 어떤 여인이 물건을 머리에 이고 강가에 오래 서 있는지라 도승지(柳溥)에게 연유를 알아보았다. 그리하여 텃밭에 심은 수박이 매우 크고 맛이 있어 임금에게 바치려 한다는 사실을 알게 되었다.

— 家圃所種西瓜 甚佳欲獻之云 (가포소종서과 심가욕헌지운) —

이에 임금은 사사로이 바치는 것은 받지 말아야 하나, 성심으로 바치려는 것이니 받으라고 명령하였다(私獻不宜受也 然以誠來獻受之). 그리고 대신들을 불러

수박 (스피드꿀, 농우바이오)

수박 (골드인골드, 아시아종묘)

연유를 이야기하면서 백성이 바치는 물건을 받을지 여부를 물었다.
 이에 남곤(南袞)이 아뢰기를 '이는 그 물건을 받는 것이 아니라, 그 정성을 받는 것이니 당연히 받아야 한다고 하였다(중종실록 1526. 9. 11).
- 受其誠也 受之爲當 (수기성야 수지위당) -

 이밖에 정조임금은 이천(利川)지방 행차 때 늙은 백성이 임금에게 수박을 바치려 할 때 받아들였다(정조실록1779. 8. 4), 그리고 성종임금에게 평안도 관찰사(申瀞)는 직접 진상한 사례가 있다(성종실록1481. 8. 27).

연산군과 수박 이야기

『조선왕조실록』에 의하면 수박 등 채소는 장원서(掌苑署)에서 취급되었다.
 중국에서 수박을 가져오려면 먼 길에 여러 달이 소요되어 상할 염려가 있으므로 국내에서 생산되는 수박을 먹으라고 진언한 일로 인하여 멸문지화(滅門之禍)를 당한 역사적 기록이 있다.
 1502년 연산군은 북경으로 가는 사신에게 수박을 구해오라 명했다(연산군일기 1502. 12. 4). 이때 장령(掌令, 金千齡)은 '중국의 수박이 우리나라 것과 다르지 않고, 또 수개월 여정에 수박이 상하게 될 것이니 부당하다고 아뢰었다(연산군일기 1502. 12. 9).

애플수박

수박덩굴

이에 연산군은 '내가 중국 수박을 먹고 싶어 하거늘 장령이 막았으니, 과연 임금이 다른 나라의 귀한 물건을 구하면 막아야 하는가? 이것이 어찌하여 그르다고 하는가?' 라고 격노하며 '장령 김천령을 사형에 처하고 가산을 몰수하며 그 자식은 원방으로 보내어 종을 삼게 하라.'고 명하였다(연산군일기 1504. 10. 4).

수박 대목 (안전지대, 농우바이오)

수박 때문에 책벌된 사례로 광해군(光海君)은 토산물로 진상된 수박이 '익지 않고 맛이 없다'는 이유로 내관을 처벌하였다(광해군일기 1618. 7. 12).

숙종임금은 태묘(太廟)에 수박을 천신(薦新)하지 아니하여 봉진관(封進官)을 벌한 사례도 있다(숙종실록 1698. 7. 13).

수박 (슈퍼블랙, 아시아종묘)

재배적 특성

수박은 박과 식물로 원산지는 아프리카의 이집트 등이다. 재배역사는 4천년 이전에 이미 고대 이집트 벽화에 나타나 있다. 그리고『구약성경(민수기 11:5)』에 기록되어 있는 것으로 미루어 수박의 재배역사는 참으로 오래되었다.

우리나라는 고려 때 홍다구(洪茶丘, 1244~1291)에 의하여 개성에서 처음 재배되었다. 조선조 때(1452)에도 1457년 단종임금이 영월로 유배되었을 때, 세조는 관찰사(金光晬)에게 '텃밭을 마련하여 수박 등 여러 채소를 재배하여 공급하라고 하였다(세조실록 1457. 6. 23).

－ 爲設園圃 西瓜 蔬菜多備 (위설원포 서과 소채다비) －

수박의 생육적온은 25~30°C 정도로 호온성 채소이다. 재배에 알맞은 토양은 사질양토이며, 토양산도는 pH 5~7 정도가 적당하다. 우리나라의 수박 주산지는 전북 고창 등이다. 이는 1970년대 농지확대 사업을 추진하면서 새로 개간한 땅에서 가뭄에 잘 견디며, 다소 건조한 땅에도 잘 자라는 채소로서 산성토양에 강한 특성을 지니고 있기 때문으로 풀이된다.

건강식품으로 새롭게 떠오르는 수세미외

Vegetable Sponge

- 과명: 박과
- 학명: *Luffa cylindrica* Roem.
- 한자명: 絲瓜, 菜瓜, 天蘿
- 영명: vegetable sponge, dish-cloth gourd
- 일본명: ヘチマ
- 원산지: 열대아시아, 아프리카

수세미외

이름

수세미외 이름은 과육 중에 발달한 섬유질의 망상 조직을 수세미로 쓰이는 오이라는 뜻에서 비롯되었다. '수세미오이'라고도 한다. 한자명은 絲瓜, 天蘿, 食用絲瓜, 菜瓜, 蠻瓜, 天絡絲 등이 있다. 영명은 스폰지 같다는 뜻으로 vegetable sponge, 또는 dish cloth gourd, loofah 등이 있다. 일본 이름은 헤지마(ヘチマ)라고 한다.

학명은 *Luffa cylindrica* Roem. 이다. 여기에서 속명 '루파'는 수세미외라는 뜻의 아랍 이름에서 비롯되었다. 종명 '씰린드리카'는 열매가 원통형이라는 뜻에서 유래되었다.

수세미외의 약리적 효능

수세미외의 약리적 효능에 대하여 오홍명(2013)은 『건강 장수를 부르는 나무·풀』에 따르면 '맛은 달고 성질은 서늘하다. 열을 내리고 담을 삭이며 해독한다. 해소 천식, 치질, 출혈, 젖이 나오지 않는데 등에 먹는다.'고 하였다. 그리고

수세미외의 부위별 효능과 식용방법 등에 대하여 다음과 같은 내용도 기술되었다. 즉,

열매(絲瓜): 맛은 달며 성질은 평하고 무독하다. 열을 내리고 담을 삭이며 피를 식히고 해독하는 효능이 있어, 달여서 복용하거나 볶아서 가루로 내어 먹는다.

뿌리(絲瓜根): 피를 잘 순환하게하고 부종을 내리는 효능이 있으며 편두통, 요통, 축농증, 후두염 등 치료에 도움이 되고 먹는 방법은 열매와 같다.

덩굴(絲瓜藤): 독이 약간 있다. 근육을 이완시키고, 혈액순환을 촉진하며, 비장을 튼튼하게 한다. 허리, 두릅, 사지의 마비, 잇몸의 출혈 등 치료에 도움을 준다.

잎(絲瓜葉): 열을 내리고 해독하는 효능이 있다. 신경성 피부염, 화상 등 치료에 도움이 된다. 민간에서는 해열제, 해독약으로 쓰인다.

망사(絲瓜絡): 경락을 활성화하며, 열을 내리고, 담을 삭이는 효능이 있다. 맛은 달고 성질은 평하고 독이 없다. 복통, 요통, 치질 등의 치료에 도움을 준다.

씨앗(絲瓜子): 종자에는 강력한 설사작용이 있다. 수분을 배출하고 열을 내리는 효능이 있으며, 요로결석, 변비 등 치료에 도움이 된다. 민간에서는 이뇨제와 해열제로 쓴다.

꽃(絲瓜花): 맛은 달며 약간 쓴맛이 있고 성질은 차다. 열을 내리고 해독하는

수세미외 덩굴손

수세미외 망사

효능이 있다. 변비, 치질 등 치료에 도움이 된다.

한편 홍만선은 『산림경제』에서 '울타리 가에 심어서 덩굴을 이끌어 울타리에 올린다. 서리가 내린 뒤에 늙은 수세미를 껍질과 씨가 달린 완전한 것을 따서 볶아 가루로 만든 다음 밀탕(蜜湯)에 타먹으면 종기가 사라지고, 독기가 흩어져서 내공(內攻)을 받지 않는다고 하였다.

그러므로 수세미외는 단순히 섬유질의 망상 조직을 수세미로 이용하는 개념에서, 기능적으로 약재의 효능이 있고, 어린 열매는 식용하며, 줄기에서 채취된 수액은 피부를 보호하는 화장품 제조 등에 쓰이는 등 다양한 용도의 건강채소로 새롭게 떠오르는 박과 식물이 되어가고 있다.

수세미외 대목에 여주를 접목한 기술개발

중국 『수과소채원(水瓜蔬菜園)』의 2013년 5월 15일 발표에 따르면, 수세미외 대목에 여주(苦瓜)를 접목하여 생장을 좋게 하고 병해의 저항성을 증대하며, 생산량을 높이는 기술을 개발하였다. 농촌진흥청은 이 내용을 『농업기술종합정보』에 다음과 같이 게재하였다.

즉, 여주의 병해 저항성 등을 높이기 위하여 채소단지와 중칭(中京) 종묘회사가 여러 차례 실험을 거쳐, 수세미외의 묘목을 대목으로 하여 여주를 접목하는 기술을 개발하였다. 그 결과 생산량이 향상되고, 병해의 저항력을 높일 수 있을 뿐 아니라, 생장도 좋아지고, 내습성이 증가되며, 온도 적응력도 증가하게 되었

수세미외 꽃

다. 수확기간도 2개월에서 5개월로 연장되어 생산량이 많아지고, 열매가 크며, 품질이 좋아졌다는 내용이다.

재배적 특성

수세미외는 박과에 속하는 1년생 초본식물로 덩굴이 15m 까지 길게 뻗어 여름철 그늘을 제공하여 쉴 공간을 마련해 준다. 열대아시아 원산으로 우리나라에도 오래전부터 재배된 것으로 추정된다. 암수한그루로 꽃은 노란색으로 암꽃과 수꽃이 각각 따로 핀다.

텃밭재배 (한춘연)

생육적온은 오이와 유사하며 비교적 높은 온도에서도 잘 자란다. 알맞은 토양은 유기물이 풍부하고 보수력이 좋은 양토, 식양토이며, 토양산도는 pH 5.7~ 6.0 정도로 산성토양에서도 잘 자란다.

재배 시기는 4~5월에 씨뿌리기하여 수확은 8월부터 서리가 내릴 때 까지 가능하다. 어린열매는 식용하고 익은 것은 과육 중에 발달한 섬유질의 망상조직을 수세미로 이용한다.

김광식(2006)의 『가정원예』에 따르면 수세미외는 덩굴성이고 수분과 섬유가 많다. 과실의 길이는 1.5m에서 30cm 정도로 변화가 많으며, 식용으로 이용하고 있는 품종은 짧은 품종이다. 긴 품종은 섬유질이 들기 쉽고 스폰지 같아 속용이나 매트에 이용되고 식용에는 적합하지 않다.

강일동 텃밭에 무성하게 자라는 수세미외

비타민 C와 인슐린 성분이 풍부한 여주

Bitter Gourd

- 과명: 박과
- 학명: *Momordica charrantia* L.
- 과명: 박과
- 한자명: 苦瓜, 凉瓜, 錦荔枝
- 영명: bitter gourd, bitter melon
- 일본명: ニガウリ, ツルレイシ
- 원산지: 아시아의 인도 등

여주

이름

여주의 우리말 이름은 여지(荔枝)에서 소리음이 변하여 비롯된 것으로 추정된다. 여지, 여자, 유자 등으로도 불린다. 한자명은 쓴맛이 있는 오이라는 뜻으로 苦瓜라고 한다. 성질이 차다는 의미로 凉瓜, 모양이 아름다워 錦荔枝 라고도 한다. 영명은 맛이 쓰고 조롱박처럼 생겼다 하여 bitter gourd라고 한다. bitter melon, bitter momoridieca, balsampear 등의 이름도 있다. 일본 이름은 니가우리(ニガウリ) 또는 쓰루레이시(ツルレイシ)라고 한다.

학명은 *Momordica charrantia* L. 이다. 여기에서 속명 '모모르디카'는 라틴어에서 '물다(bitten)'라는 뜻으로 껍질이 울퉁불퉁하고 익으면 물어뜯어 놓은 것처럼 생긴 모양에서 비롯되었다. 종명 '카란티아'는 그리스어로 '아름다운 꽃'이라는 뜻이 있다.

피부미용과 당뇨병 등에 좋은 여주의 효능

『조선왕조실록(연산군 1505. 4. 6)』에 따르면 여주는 1505년 중국에서 구하여 우리나라로 가져오게 하였다. 옛날에는 우리나라 시골집 울타리에 관상용 정도로 심었던 여주가 지금은 아시아 전역을 비롯하여, 유럽과 미국 등에서 인기 높은 건강식품으로 평가받고 있다.

여주의 효능에 대하여 오홍명(2013)의 『건강 장수를 부르는 나무 풀』에 따르면 더위로 식욕이 없을 때 먹으면 쓴맛이 위를 자극하여 소화액 분비를 촉진하고, 식욕이 생기도록 하며, 건위, 정장작용을 한다. 동남아시아 전통 의학에서는 피부병, 야맹증, 기생충, 류머티즘, 통풍, 신체 쇠약 등에 효과가 있는 식품으로 여겨 이용해 왔다.

여주의 열매와 씨앗에는 식물성 인슐린(p-insulin)과 카란틴(charantin)이라는 성분이 함유되고 혈당치를 낮춰주는 효능이 있어 당뇨병에 좋은 건강식품으로 알려지고 있다.

비타민 C는 120mg/100g 정도 함유되어 토마토(12mg)의 10배 정도로 풍부하다. 베타카로틴 성분도 있어 피로회복과 심근경색, 뇌졸중 등 혈관성 질환 예방에도 효능이 있다.

여주는 더위로 인하여 식욕이 없거나 몸 상태가 좋지 않을 때에도 먹었다.

전국농업기술자협회 교육농장의 텃밭 환경

서울시 강동구 강일동 85번지에 위치한 (사)전국농업기술자협회 교육농장을

여주 풋열매

여주 열매

『텃밭식물 이야기』 중심지로 선정하여 윤천영(尹天泳) 회장과 오인세 팀장의 도움으로 50여종의 작물을 재배하였다.

2012년 후반 작부계획을 구상하였으며, 2013년 4월부터 씨뿌리기(아주심기)에서 수확에 이르는 전 과정을 세심하게 관리하고 체험하면서 이 책을 집필하였다. 각 작물의 특성과 이들이 함유하고 있는 영양성분을 비롯한 효능 등을 집중적으로 수집하는데도 주력하였다. 관련 자료를 광범위하게 수집하여 나름대로 신빙성이 있는 내용들을 객관적으로 종합하여 인용하였다. 이 과정에서 텃밭식물의 재배는 토양환경에 크게 지배되거나 영향을 받는다는 사실을 실감하였다.

토양이란 지각(地殼)의 표층에 약간의 두께를 차지하는 부드러운 천연물의 표토를 의미한다. 그리고 식물을 자라게 하는 수분. 공기. 양분 등을 공급하는 능력을 가진 식물생육의 어머니(基盤) 같다고 생각되었다. 토양환경이 어떤지도 모르고 작물을 재배하는 것은, 의사가 환자를 진단하지 아니하고 처방하는 것과 같다.

따라서 적정한 비배관리 등을 위하여 토양조사는 필수적이며, 각 작물의 생태적 특성과 조화를 이루도록 조정해 주어야 한다고 생각했다.

서울시농업기술센터(손희정)에 저자는 '텃밭식물 재배지' 토양분석을 의뢰하였으며 그 결과 유기물, 유효인산, 칼륨 등이 풍부하다는 분석결과를 얻게 되었다. 주요내용은

첫째, 토양산도는 pH 6.0으로 가지과, 박과, 배추과 등 대부분 작물 재배에 적

여주 개량종 (East West Seed)

강일동의 박상은 여주텃밭

합하였으나 상추, 시금치, 콩 등에는 미흡하여 이에 대한 대책이 필요하였다.

둘째, 유기물 함량은 25g/kg으로 풍부하여 대부분 식물이 성장하는데 좋은 환경을 구비하고 있었다.

셋째, 유효인산은 811g/kg으로 대부분 작물의 기준치보다 월등하게 높았다.

넷째, 치환성 양이온($cmol^+/kg$)의 칼륨은 0.85로 대부분 작물에 적정하였으며, 특히 콩의 경우는 기준치(0.45~0.55) 보다 높았다.

다섯째, 칼슘은 6.2로 대부분 적정하였으며 양파 상추 등의 재배조건에는 겨우 부합할 정도이었다. 이 밖에 마그네슘은 1.4 로 거의 모든 작물이 요구하는 기준치에 미달되어 이에 대한 처방이 필요한 것으로 분석되었다.

여주 어린묘

재배적 특성

여주는 박과에 속하는 1년생 식물로 원산지는 인도 등이다. 줄기가 1~3m 정도로 자라면서 덩굴손이 다른 물건을 감고 올라간다.

꽃은 암수한그루이며 노란색으로 잎겨드랑이에 1송이씩 달린다. 열매는 매우 다양한데 주로 긴 타원형이고 양끝이 좁으며 혹 같은 돌기가 있고 황적색으로 익으면 불규칙하게 갈라져서 붉은색 육질로 싸인 씨가 보인다. 씨앗은 매우 단단하여 싹을 틔우기가 쉽지 않다.

익은 열매

고온 다습한 기후에 잘 자라며 다른 박과식물에 비하여 35°C 정도에서도 비교적 잘 자란다. 알맞은 토양은 토심이 깊고 유기물이 풍부한 비옥한 토양으로 배수가 잘되는 양토이다. 적정한 토양산도는 pH 5.7~6.0 정도로 산성이 강한 땅에도 적응한다. 재배 시기는 4월에 파종하여 7월 이후부터 수확이 가능하다.

네로 황제가 건강식으로 먹었다는 오이

Cucumber

- 과명: 박과
- 학명: *Cucumis sativus* L.
- 한자명: 胡瓜, 黃瓜
- 영명: cucumber
- 일본명: キュウリ
- 원산지: 인도(서북부) 히말라야산맥

오이 (젤루존백침, 아시아종묘)

이름

　오이 이름은 외, 물외 등으로 불리다가 오이로 통일되었다. 한자명의 호과(胡瓜) 유래는 중국 명(明)나라 이시진(李時珍, 1518~1593)의 『본초강목(本草綱目)』에 한(漢)나라 사신 장건(張騫)이 서역(인도)에 갔다가 귀국(BC 126)하면서 붙인 이름이다. 그 후 황과(黃瓜)라는 이름으로 수나라 양제(楊帝, 608)가 고쳐 불렀다. 오이의 노란색 꽃과 익은 열매의 색에서 비롯된 것으로 생각된다. 王瓜, 瓜라고도 한다. 영명은 cucumber 이며 그 유례는 고대 프랑스어 코콤브레(cocombre)에서 비롯되었다. 일본 이름은 규리(キュウリ)이다.
　학명은 스웨덴의 식물학자 린네가 *Cucumis sativus* L. 라고 붙였다. 여기에 속명 '쿠쿠미스'는 라틴어의 쿠쿠마(cucuma)에서 비롯되었는데, 오이를 잘라 두 조각을 내면 가운데가 빈 그릇의 식기(食器)처럼 생긴 모양에서 유래하였다. 종명 '사티부스'는 재배종이라는 뜻이다.

클레오파트라의 아름다움은 오이 피클 덕분이다

미국의 리베카 룹(Rebecca Rupp, 2012)의 『당근 트로이 전쟁을 승리로 이끌다』에 의하면 인도에서는 오이를 3천년 전부터 재배하였다고 한다. 이집트의 여왕 클레오파트라(BC 69~BC 30)는 자기의 아름다움이 오이 피클 덕분으로 여겼다.

그리고 미국의 벤자민 프랭클린(1706~1790)은 오이 피클을 '위장이 예민한 사람'에게 권했다. 오이가 미용과 건강식품으로 가치가 있다는 이야기일 것이다. 『구약성경(민수기 11:5)』에도 오이는 부추, 파, 마늘 등과 함께 건강식품으로 기록되어 있다. '우리가 애굽에 있을 때에는… 오이와 참외와 부추와 파와 마늘들을 먹은 것이 생각나거늘 이제 우리는 기력이 다하여…'라고 기록되었다. 이스라엘 민족이 광야를 방황할 때 애굽에서 먹던 시절의 건강식품을 회고한 내용이다. 그러나 성경에 기록된 오이는 멜론으로 해석되고 있다.

『중부일보(2008. 6. 25)』기사에 따르면 '고대 로마의 황제이며 폭군이었던 네로와 티베리우스는 건강이 쇠약해지자 그 주치의가 '건강을 위하여 하루에 오이 한 개 씩 꼭 먹으라.'고 권했다'는 이야기도 있다.

오이의 효능에 대하여 『농촌진흥청(김현우)』발표에 따르면 '오이는 차가운 음성식품으로 예로부터 해열제로 이용되어 왔으며, 피를 맑게 만들어 주고, 몸 안에 쌓인 불순물과 불필요한 염분까지 배출시켜 준다. 특히 더위와 갈증을 해소하는 효과가 있다'고 하였다.

강일동 텃밭에 맺은 오이

오이 어린묘

제1장 가지과, 박과식물 이야기

오이를 이용한 민간요법도 다양한 형태로 전해지고 있다. 예를 들면 피부가 햇볕에 탔을 때 아침저녁으로 오이를 얇게 썰어서 얼굴과 목 팔등에 붙여 피부를 촉촉하게 하면 좋다. 아토피성 피부염에는 오이 생즙을 바르면 가려움이 가라앉는다. 몸이 부었을 때는 오이 즙을 작은 잔으로 매일 한 잔씩 마신다. 심장병과 신장병에는 오이를 반으로 갈라 씨를 빼고 그늘에 말린 뒤 달여 마신다.

이밖에 오이에는 칼륨성분이 풍부하여 나트륨 등 우리 몸에 쌓인 노폐물을 몸밖으로 배출하는 기능이 있어 몸이 개운하고 맑아지며, 칼로리는 낮은 편이지만 무기 염류가 많아 다이어트 식품으로 좋다.

오이에 비유한 신중을 기하라는 교훈적 이야기

중국(齊나라)의 유향(劉向)이 지은 『열녀전(烈女傳)』에는 매사에 신중을 기하라는 뜻으로 '과전불납이 이하부정관' 라는 격언(格言)이 있다.

— 瓜田不納履 李下不整冠 (과전불납이 이하부정관) —

오이 밭에서 신발을 고쳐 신고 있으면 마치 오이를 따는 것 같이 보이고, 자두나무 아래에서 손을 들어 갓을 고쳐 쓰려고 하면 자두를 따는 것처럼 보이기 때문에 남에게 의심 받을만한 행동은 삼가라는 교훈적 뜻이 담겨있다.

고려 충렬왕 때 추적(秋適)의 『명심보감(明心寶鑑)』에는 오이와 콩을 인용하

오이꽃

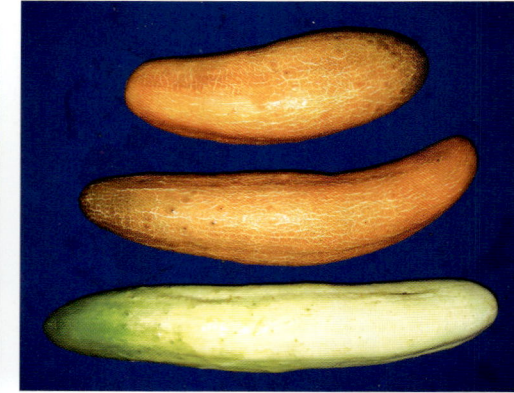

노각

여 '종과득과 종두득두' 라는 격언도 있다.
- 種瓜得瓜 種豆得豆 -
(종과득과 종두득두)

직역하면 오이를 심으면 오이를 얻고, 콩을 심으면 콩을 얻는다고 해석되지만, 어떤 원인(原因)이 있으면 반드시 거기에 따르는 결과(結果)가 있다는 뜻이 담겨있다. 이는 세상을 살아가면서 선(善)을 행하면 복이 돌아오지만, 악(惡)을 행하면 반드시 재앙이 돌아온다는 진리를 시사(示唆)하는 교훈적 이야기이다.

홍만선은 강희맹의 『사시찬요(四時纂要)』를 인용하면서 오이와 콩의 관계에 대하여 오이 심을 구덩이를 파고 오이씨를 4개씩 심고, 콩 3알을 곁에 심는다. 대개 오이는 콩에

대목 (샛별, 농우바이오)

의지하여 땅에서 기어오르기 때문이라 하였다. 지주(支柱)가 없이 오이를 재배하던 시절에 오이와 콩의 특별한 관계를 나타낸 농법의 하나였다고 생각된다.

재배적 특성

오이의 원산지는 인도 서북부이며 박과에 속한다. 1년생 덩굴식물로 열매채소이다. 생육적온은 23~28°C 이며, 비교적 높은 온도어서 잘 자라지만 30°C 이상의 고온에서는 잘 자라지 못한다. 알맞은 토양은 유기물이 풍부하고 배수가 잘되는 양토, 식양토이며, 토양산도는 pH 5.7~6.0 정도로 다소 산성이 강한 땅에 잘 자란다. 연작을 피하고 2년 간격으로 윤작하는 것이 좋다.

재배 시기는 3~6월에 씨뿌리기(아주심기)하여 6~8월에 수확한다. 3월에 온상에 육묘하고 노지에는 5월에 심는다. 소규모 텃밭에는 오이전용 대목인 호박에 접 부친 묘를 구입하여 심는 것도 좋다. 심을 때 포기 사이의 간격은 30~40cm로 하고 이랑나비는 1.5~1.8m로 한다. 높이 1.8~2m의 지주를 세우거나 줄을 연결하여 덩굴손이 감고 올라가도록 한다. 물주기는 조금씩 자주 주는 것이 좋다.

독특한 향기와 시원한 여름철 건강채소 참외

Oriental Melon

- 과명: 가지과
- 학명: *Cucumis melo* L. var. *koreana*
- 한자명: 甘瓜, 眞瓜, 甛果, 香瓜
- 영명: oriental melon, Korean melon
- 일본명: マクワウリ
- 원산지: 중앙아시아의 인도 중국 등

참외 (오복꿀, 농우바이오)

이름

참외 이름의 어원은 한자어 '眞瓜'에서 유래하며, 진짜라는 뜻의 '참(眞)'과 오이(瓜)의 줄인 말 '외'가 합성되어 부르게 되었다. 한자명은 甘瓜, 眞瓜, 첨과(甛瓜), 香瓜 등이 있다. 영명은 동양계 참외를 의미하여 oriental melon이라 하며 멜론(melon)의 변종이다. 일본 이름은 마구와우리(マクワウリ)라고 한다.

학명은 *Cucumis melo* L. var. *koreana* 이다. 여기에서 속명 '쿠쿠미스'는 라틴어의 냄비 또는 속이 비어있는 그릇이라는 뜻의 쿠쿠마(cucuma)에서 유래되었다. 이는 과실을 잘라 두 조각을 낸 모양이 그릇과 닮았기 때문이라 한다. 종명 '멜로'는 동그란 모양의 사과를 가리키는 과실의 모양에서 비롯되었다. 변종명 '코리아나'는 한국인의 육종기술로 새로운 유형의 참외(단성화)를 육성한 것에서 유래하였다.

참외의 식품적 가치와 효능

참외의 식품가치와 효능에 대하여 이정명 교수 등 『채소학 각론』과 『농촌진흥청 자료』등에 의하면, 참외는 독특한 향기와 시원한 맛으로 우리의 기호에 맞아 여름철에 크게 환영 받는 채소라고 하였다.

참외의 효능으로는 첫째, 꼭지 부분에 쿠쿨비타신(cucurbitacin) 성분이 특히 많이 함유되어 간 기능 보호와, 항염증, 항암 등에 효과가 있다. 둘째, 껍질과 꼭지 부분에는 베타카로틴 함량이 높아 임산부에게 도움을 주고, 태아의 성장 발육에 필요한 엽산(folic acid)이 풍부하게 함유되어 있다. 셋째, 참외는 완화작용을 하므로 변비 예방에 도움을 주고, 거담작용을 하는 성분도 있다고 한다. 이밖에 수분이 많아 이뇨에 도움이 되고, 피로회복에 효능이 있다고 한다.

『구약성경(민수기 11: 5)』에도 참외는 부추, 마늘, 파 등과 함께 정력을 증진하는 식품으로 기록되어 있다. 이 부분에 대하여 한글 번역본에는 '오이와 참외, 또는 오이와 수박'으로 번역되어 있다. 그러나 이스라엘의 성서식물학자 마이켈 조하리 교수는 『성서의 식물』에서 오이로 번역된 히브리어 'kishuim'과 'mikshah'의 정확한 번역은 멜론이며, 오이는 성서시대에 애급에 없었다고 하였다. 그러므로 한글 성경의 기록 중 '오이'는 멜론(야생참외)으로 개역되어야 할 것이다.

그리고 참외로 번역된 히브리어 'avatihim'의 올바른 번역은 수박이다. 따라서 한글성경(민수기 11: 5)은 '멜론과 수박'으로 개정하여야 할 것이다. 결국 민수기의 오이에 관한 기록은 잘못된 번역이라는 것을 의미한다.

강일동 텃밭 (참외 성숙 중)

풋참외

자연식생활연구회(2012)의 『동의보감 음식궁합』에 따르면, 참외는 더위를 먹거나 가슴이 답답하고 갈증이 심하거나 입맛이 떨어진 경우에 먹으면 보약이 되는 식품이다. 그러나 비장, 위장 등이 차고 배가 부르면서 대변이 묽은 사람에게는 좋지 않다. 특히 다리가 붓는 각기(脚氣)병을 앓을 때에 참외를 먹으면 좋지 않다.

조선왕조실록에 기록된 참외 이야기

『조선왕조실록』에는 참외에 관한 이야기들이 여러 차례 기록되어 있다. 구체적 사례로 첫째, 선조실록에는 식품의 가치와 효능에 대하여 '참외(甘瓜)는 담채(淡菜)로는 좋으나, 과식하면 비장을 손상시키며, 서리가 내린 뒤에는 먹지 말아야 한다.'고 하였다(선조실록 1574. 1. 15).

둘째, 우리나라 참외는 1480년, 동지중추부사 한한(韓僴)이 중국에 성절사(聖節使)로 갈 때 수출되었다(선조실록 1480. 8. 19).

셋째, 1505년에는 중국 참외를 성절사를 통하여 수입하라는 왕명이 있었다(연산일기 1505. 4. 6). 연산군은 참외를 승정원에 내려주면서 시(詩)를 짓게도 하였다(연산일기 1500. 6. 22).

— 命承政院製律詩 賜话瓜等物 (명승정원제율시 사첨과등물) —

참외 꽃과 잎

장아찌로 쓰이는 참외 (이정명)

이밖에 성종실록에는 참외를 늦게 진상하여 사포서(司圃署)의 책임자(李崇根)가 '관원의 책무를 다하지 못하고 늦게 맛없는 참외를 천신하여' 파직되었다(성종실록 1494. 6. 11). 그리고 명종실록에는 1564년 4월 21일 평양에 우박이 쏟아져 큰 재해(災害)를 당했는데 큰 우박은 참외 만 하고, 중간 것은 감 같았다(명종실록 1564. 4. 21)는 과장적 기록도 있다.

개구리 참외

재배적 특성

참외는 박과에 속하는 1년생 초본식물이며 멜론의 변종이다. 원산지는 인도, 중국 등이나, 우리나라에서는 독자적으로 개발된 것이 대부분 재배되고 있다.

우리나라는 1456년 『세조실록』 등에 참외가 전국적으로 재배되었다는 기록으로 확인할 수 있다. 중국에는 기원전부터 참외를 재배하였다는 역사적 기록이 있다.

현재 우리나라의 참외 재배면적은 2000년에 비하여 2010년에는 39% 정도 급격하게 감소되었다. 참외 주산지는 경북 성주 등으로 알려져 있다.

쑥심토좌골드참외 (농우바이오)

참외의 생육적온은 25~30°C 정도의 고온성 채소로 건조하고 일조량이 풍부해야 생육이 잘되고 착과가 잘되어 품질이 좋아진다. 재배에 알맞은 토양은 사질토양에서 점질토양에 이르기까지 폭넓게 재배할 수 있으며, 토양 산도는 pH 6~6.5 정도이나 산도에 민감하게 반응하지는 않는다.

가장 큰 열매를 맺는 건강식품의 대명사 호박

다양한 호박

Pumpkin

- 과명: 박과
- 학명: *Cucurbita* spp.
- 한자명: 南瓜, 飯瓜, 番瓜
- 영자명: pumpkin, squash
- 일본명: カボチャ
- 원산지: 중남미의 멕시코, 페루 등

이름

호박은 여진족을 의미하는 호(胡)와 열매가 박(瓜)과 같이 생겨 붙여진 이름이다. 현재 우리나라의 주요 재배종에는 모샤타종호박, 막시마종호박, 페포종호박으로 분류할 수 있다. 한자명은 남쪽에서 들여온 오이라는 뜻으로 南瓜라고 한다. 飯瓜, 番瓜, 倭瓜, 筍瓜, 金瓜 등의 이름도 있다. 영명의 'pumpkin'은 그리스어 페폰(pepon)에서 유래하며 커다란 멜론이라는 뜻이 있다. '스카시(squash)'는 인디언들이 부르던 이름이며, '고드(gourd)'는 불어(cord)에서 비롯되었다. 일본 이름은 보통 가보쨔(カボチャ)라고 하지만, 동양종은 니혼가보쨔(ニホンカボチャ), 서양종은 세이요우가보쨔(セイヨウカボチャ), 페포종은 페포가보쨔(ペポカボチャ)라고 한다.

학명은 *Cucurbita* spp. 이며 속명 '쿠쿠르비타'는 라틴어의 오이(cucumis)라는 뜻과 모양이 둥글다(orbis)는 뜻의 합성에서 비롯되었다. 종명에는 *C. moschata, C. maxima, C. pepo* 등이 있다. 여기에서 '모샤타'는 성숙된 열매에서 사향과 같은 향기가 난다는 동양종을 의미하고, '막시마'는 크기가 가장 크다는 서양종을 뜻하며, '페포'는 라틴어의 박과식물을 지칭한다.

호박에 관한 상식 이야기

우리는 뜻밖에 행운이 있을 때 또는 풍요함과 복을 가져다 줄때 '호박이 넝쿨째 굴러 떨어졌다'는 격언을 사용하고 있다. 그리고 심술궂고 못된 짓을 할 때에는 '호박에 말뚝 박기'라는 속담을 인용한다. 이처럼 호박은 우리 생활과 긴밀한 관계를 맺고 있지만 막상 호박에 관한 상식은 별로 없다.

이 부분에 대하여 이정명 교수(2012)의 『Pumpkin』 등 기록된 내용을 요약하면 첫째, 호박은 지구상에 있는 식물 중에서 가장 큰 열매를 맺는다. 그 사례로 세계에서 가장 큰 호박의 무게는 2012년 현재 어른 15명보다 무거운 910kg로 기록되었다.

둘째, 호박은 남극을 제외한 모든 곳에서 자란다. 그리고 호박의 식물체 뿌리만 이용하는 '대목용 호박'에 참외, 수박, 오이 등을 접목하여 키우면, 호박뿌리는 다른 식물의 뿌리보다 강하고, 멀고 깊게 뻗어나가면서 자라기 때문에 여기에 접한 식물은 생육이 강건해지고 과실이 크고 수량이 많으며, 병충해가 적게 발생하는 장점이 있다.

셋째, 건강식품의 대명사 호박은 어린잎과 줄기, 꽃, 청과, 성숙과를 모두 식용하여 버릴 것이 없다.

호박꽃

애호박(쥬키니)

넷째, 우리나라의 호박 소비량은 2005년 현재 애호박이 60% 이상이고 주키니는 20% 정도이다. 그리고 단호박, 익은(늙은)호박은 10% 내외를 소비하고 있다. 특히 단호박은 익은(늙은) 호박의 수요를 앞지르고 있다.

다섯째, 호박의 카로티노이드(carotenoid)에는 루테인(lutein)이라는 항암성 성분이 풍부하게 함유되어 있으며, 시력보호 및 피부미용 효과에 탁월한 효력이 있다. 호박은 저칼로리 식품의 으뜸이자 비타민 A의 보고이다.

다양한 호박 축제 이야기

일본에는 '동지에 단호박을 먹으면 감기에 걸리지 않는다' 라는 말이 있다. 호박에 관한 축제에는 영국 등 서양에서 매년 10월 31일에 행하는 할로윈(Halloween day) 축제가 있다. 여기에는 호박이 반드시 주인공으로 등장한다. 크고 잘 익은 호박의 속을 도려내고 도깨비 얼굴을 조각한 다음 장식등(燈)을 만든다. 이 등을 잭-오-랜턴(Jack-o-lantern)이라고 하는데 그 안에 양초를 넣어 불을 밝히고 도깨비의 눈이 반짝이는 것처럼 만들어 축제 때 사용한다. 이 축제는 기원전 500년경 아일랜드 켈트족에 의하여 유래되었다. 이 축제는 세계적으로 확산되어 호박의 수요가 급증하고 있다.

호박을 이용하여 다양한 형상물과 조각품을 만들고 주변을 장식하며, 호박놀이와 호박요리 간식 등의 다양한 축제 행사도 세계적으로 개최되고 있다. 예를

강일동 텃밭에서 처음 수확한 막시마계, 단호박

관상용 호박 (홍보석)

들면 독일의 스투트가르트 호박축제, 프랑스의 케르제르스 호박축제, 캐나다 밴쿠버 호박축제 등이 있다.

또 미국에서는 알래스카의 Palmer 축제를 비롯하여 각 주별로 수를 헤아리기 힘들 정도로 많은 호박축제가 개최되고 있다.

우리나라의 양주(경기) 세계호박축제도 이 같은 축제의 하나가 될 수 있다. 이밖에 대형 호박 콘테스트도 흥미롭다.

맷돌호박 (모샤타계)

재배적 특성

호박의 원산지는 중남미의 멕시코, 페루 등이다. 박과에 속하는 1년생 열매채소로 덩굴식물이다. 우리나라 재배종에는 열매가 크고 익으면 황색이 되며 애호박으로 많이 이용되는 서울애호박 등 '모샤타종호박'과 열매가 방추형(方錐形)이고 색깔이 진한 회색과 주황색 등 주로 쪄서 먹는 딜리셔스 등 '막시마종호박' 및 덩굴성이 아닌 총생(叢生)으로 더 부룩하게 무더기로 자라며 애호박을 식용과 사료로 쓰는 주키니 등 '페포종호박'으로 분류할 수 있다.

사료용 호박(페포계, 이정명)

생육적온은 23~25°C 정도이다. 토양은 비교적 가리지 않으나 사토와 양토가 좋다. 토양산도는 pH 5.5~6.8 정도이다. 비료분의 흡수 능력이 강하고 연작(連作)에도 잘 견딘다. 호박은 암수한그루 식물로 암꽃과 수꽃이 각각 핀다.

텃밭 재배 시기는 4~5월에 씨뿌리기(아주심기)하여 7~10월에 수확한다. 텃밭에는 묘를 구입하여 심는 방법이 좋다. 애호박은 꽃이 핀 뒤 7~10일 후 수확하며, 익은 호박(熟瓜)은 개화 후 50일 정도에 수확 한다. 높이 2m 정도의 지주를 세우거나 줄을 연결하여 덩굴손이 감고 올라가도록 한다. 덩굴이 너무 강하고 넓게 자라 나감으로 좁은 텃밭재배에는 적합하지 않다.

제2장
국화과 · 비름과 식물 이야기

70 · 천연 인슐린 식품으로 평가되는 **뚱딴지**
74 · 고대 로마인들이 즐겨 먹었다는 **로메인 상추**
78 · 식욕을 증진하고 소화를 촉진시키는 **머위**
82 · 날것으로 즐겨 먹는 다양한 품종의 **상추**
86 · 황백색 꽃이 피는 쌈채소로 좋은 **쑥갓**
90 · 잎이 두껍고 아삭아삭한 맛 좋은 쌈상추 **엔디브**
94 · 참나무류 잎을 닮은 **오크리프 상추**
98 · 식이섬유와 이눌린 성분이 풍부한 **우엉**
102 · 민들레 모양으로 은은한 쓴맛이 있는 **치코리**
108 · 줄기와 잎을 언제나 잘라 먹을 수 있는 **근대**
112 · 붉은색 뿌리채소로 고급요리에 이용되는 **비트**
116 · 페르시아(이란)에서 전래된 세계 10대 건강식품 **시금치**

국화과

- 70 뚱딴지
- 74 로메인
- 78 머위
- 82 상추
- 86 쑥갓
- 90 엔디브
- 94 오크리프
- 98 우엉
- 102 치코리

<건강식품의 미각적 표현>

山藥牛蒡之屬其味甚淡

祝申昊哲雅兄出版記念
南江宋河徹書

(산약우방지속 기미심담)
— 조선왕조실록 중에서 —

마와 우엉 등의 맛이 매우 담백하고 좋다.
(본문 p.101 참조)

출처 : 순조실록 1809. 12. 2
글씨 : 南江 宋河徹

◀ 쑥갓

천연 인슐린 식품으로 평가되는 뚱딴지

뚱딴지 수확물 (박상은)

Jerusalem Artichoke

- 과명: 국화과
- 학명: *Helianthus tuberosus* L.
- 한자명: 菊芋, 洋姜, 菊薯, 山芋頭
- 영명: jerusalem artichoke
- 일본명: キクイモ, アメリカイモ
- 원산지: 북미주의 캐나다, 미국 등

이름

뚱딴지는 그 생김새가 엉뚱하고 이곳저곳 싹이 마구 돋아나며, 꽃과 잎은 해바라기를 닮았지만, 뿌리는 엉뚱하게 감자를 닮아 붙여진 이름으로 생각된다. 돼지감자, 뚝감자, 캐나다 감자라고도 하며, 당뇨고구마라는 별명도 있다. 한자명은 국화(菊)과 식물의 토란(芋)이라는 뜻으로 '菊芋'라고 한다. 洋姜, 菊薯, 山芋頭라는 이름도 있다.

영명은 캐나다 원산의 감자라 하여 'Canada potato' 또는 이스라엘 사람들이 즐겨 먹는다하여 '예루살렘 아티초크(Jerusalem artichoke)'라고 잘못 전해지기도 한다. 일본이름은 한자명에 비롯된 국화과의 감자라는 뜻으로 기구이모(キクイモ), 또는 원산지를 뜻하는 아메리카 이모(アメリカイモ)라고 한다.

학명은 *Helianthus tuberosus* L. 이다.

여기에서 속명 '헬리안투스'는 태양의 꽃을 상징하고, 종명 '투베로수스'에는 그리스어의 '덩이줄기'라는 뜻이 있다.

이눌린 성분이 풍부한 당뇨병 치료식품

뚱딴지는 독일 등 유럽과 일본에서 당뇨병 치료용으로 연구되어 있다. 세계에서 당뇨병 환자를 찾아보기 힘든 이스라엘(Israel)에서는 조상 대대로 뚱딴지를 먹었기 때문에 당뇨병 환자가 별로 없다는 이야기가 있다.

최근 우리나라에서도 당뇨병 치료의 기능식품으로 수요와 관심이 증가하고 있다. 이에 따라 (사)한국뚱딴지협회(2010)가 조직되고, 최근(2012) 가공공장이 설립되어 뚱딴지를 재료로 즙, 환(丸), 차, 쿠키 등 가공품을 생산하고 있다.

2013년 이후 협회활동 계획으로 '뚱딴지체험마을' 조성을 비롯하여 '귀농귀촌사업단'을 증설할 계획으로 추진 중에 있다그 한다.

뚱딴지의 주성분에 대하여 한국뚱딴지협회의(2013)의 『행복한 뚱딴지』에 의하면 뚱딴지의 탄수화물은 다른 감자류와 달라 천연 인슐린이라 불리는 이눌린(inulin)이 약 15% 정도 함유되어 있는 유일한 식물이다. 이눌린은 과당복합체로서 혈당치를 상승시키지 않기 때문에 피곤해진 췌장을 쉬게 할 수 있다.

뚱딴지의 맛에 대하여 『한국일보(2004. 5. 6)』에는 감자의 씹는 맛과 우엉의 맛을 함께 가진 풍미가 있으며, 이눌린을 많이 함유하여 조리면 특유의 단맛이 난다. 이눌린이 분해되어 과당을 생성하기 때문에 단맛이 생긴다.

특히 이눌린의 함량에 대하여 '몇몇 감자류도 이눌린을 0.2% 내외를 함유하

뚱딴지 꽃

뚱딴지 어린잎

지만 뚱딴지에는 월등하게 많이 들어 있기 때문에 ' 천연 인슐린 ' 식품으로도 평가하였다(Foodworld, 2003 Oct).

뚱딴지같은 엉뚱한 이야기

우리는 가끔 뚱딴지같은 생각, 뚱딴지같은 계획, 뚱딴지같은 말을 하거나 듣고 있다. 뚱딴지라는 말의 원래의 뜻은 '우둔하고 완고하며 무뚝뚝한 사람' 을 가리켜 이르는 말이었다. 그러나 오늘날에는 '상황이나 이치에 맞지 않는 엉뚱한 행동이나 말을 하는 사람' 을 놀림조로 이르는 말이 되었다.

그런데 텃밭식물 중에도 '뚱딴지' 가 있다. 돼지감자라고도 하는 이 식물은 상징하는 이름처럼 뿌리는 감자와 비슷하지만 그 생김새가 울퉁불퉁 이곳저곳 튀어나오고 갑자기 굵어져 감자처럼 생겼는데 아무 곳에서나 엉뚱하게 싹이 튼다. 꽃과 잎은 해바라기를 닮았으며, 먹어보면 맛도 별로 없다.

우리나라에 처음 들어올 때는 가축사료로 도입되어 재배하다가 이제는 생존력이 강하여 산야에서 저절로 자라는 귀화식물이 되었다. 그런데 최근에 당뇨병 치료의 우수한 기능식품으로 평가받고 있다.

특히 덩이뿌리는 이눌린 성분(과당의 복합체)이 풍부하며 혈당치를 상승시키지 않아서 당뇨병 치료에 크게 도움을 준다고 하니 참으로 뚱딴지같은 이야기이다.

뚱딴지 줄기

뚱딴지의 식물체

재배적 특성

뚱딴지는 국화과에 속하는 다년생 초본식물로 원산지는 북미주의 캐나다, 미국 등이다. 우리나라에는 1900년대 초기에 가축사료의 용도로 수입되어 집 주변에 재배되다가 생존력이 강하여 산야에서 저절로 자라는 귀화식물이 되었다.

재배에는 유기물의 함량이 많고 비옥한 점질토양이 적당하다. 토양 환경의 적응성도 강하여 어느 땅에서나 비교적 잘 자란다.

생육 적온은 16~30°C 정도로 기후의 적응성도 좋다. 키가 크고 꽃은 8~9월에 해바라기 꽃과 비슷한 노란색으로 핀다. 다수확도 가능하여 기능성 식품이외에도 공업용 가공 재료로 폭넓게 쓰일 수 있는 가능성이 있다.

김광식(2006)의 『가정원예』에 따르면 뚱딴지는 괴경으로 번식하며 봄에 가능하면 일찍 심는다. 늦게 심을수록 괴경의 크기가 작아지고 수량도 감소된다. 괴경을 통째로 심거나 50g 정도의 크기로 잘라 감자처럼 심고 10cm 깊이로 덮는다. 너무 깊게 심으면 발아가 늦어지고 싹을 약하게 하며 수확하는 작업도 어렵게 된다. 괴경의 모양은 구형이거나 여러 개의 구가 뭉친 모양으로 겉은 홍색과 연갈색 등 변이가 있다.

뚱딴지 재배 (박상은)

해바라기 줄기

고대 로마인들이 즐겨 먹었다는 로메인 상추

Romaine

- 과명 : 국화과
- 학명 : *Lactuca sativa* L. var. *longifolia*
- 한자명 : 立萬苣
- 영명 : cos lettuce, leaf lettuce, romaine
- 일본명 : タテチシャ, レタス
- 원산지 : 지중해의 코스(그리스)섬 등

로메인 상추

이름

　로메인 이라는 이름은 프랑스어 'romaine' 와 이탈리아어 'romana' 에서 비롯되고, 우리말 이름은 반결구 배추와 유사하고, 잎은 재래종 배추처럼 폭이 좁아 '배추상추' 라고 한다. 한자명은 立萬苣 라고 한다. 자라는 모습이 직립(直立)으로 형성되어 입(立)상추라는 뜻이 담겨 있다.
영명은 지중해의 코스 섬이 원산지라 하여 cos lettuce 또는 leaf lettuce라고 한다. 고대 로마인들이 즐겨 먹던 상추라 하여 'roman' 이라 하다가 'romaine' 으로 변화되었다. 로마를 지배하던 시져(Caesar)가 좋아했던 샐러드에 꼭 들어가는 상추라 하여 'Caesar's Salad' 라는 이름도 있다. 일본 이름은 입상추라는 뜻으로 '다데지샤(タテチシャ)' 또는 레다스(レタス)라고 한다.
　학명은 *Lactuca sativa* L. var. *longifolia* 이다. 여기에서 속명 '락투카' 는 이 식물의 몸체에서 나오는 흰 젖(乳) 모양의 즙액을 상징하여 라틴어로 'lac' 또는 'lactis' 에서 유래한다. 종명 '사티바' 는 재래종이라는 뜻이 있고, 변종명 '롱지폴리아' 는 긴 잎을 가진 상추의 한 종류로 로메인을 의미한다.

피부 미용과 잇몸을 튼튼하게 하는 건강식품

로메인은 근래에 수입되어 재배하고 있는 국화과 식물로 상추의 한 변종이다. 기존의 쌈 채소에서 맛볼 수 없는 독특한 향기와 단맛이 있고, 아삭거리며, 락투신(lactucin)이라는 성분 등의 즙액이 많아 불면증 등 치료에 도움을 주는 귀한 채소로 분류되고 있다.

로메인의 효능에 대하여 『두산백과(2010)』에서는 매일 먹으면 다른 상추보다 풍부한 비타민 C를 섭취하여 피부가 건조해지는 것을 막아주고, 잇몸을 튼튼하게 하여 잇몸의 출혈을 막아준다. 출산한 여성의 경우에 젖의 분비량을 증가시켜주는 효능이 있다고 하였다.

고대 로마인들이 즐겨 먹었다는 로메인 상추는 로마를 지배한 시이저(Caesar)도 로메인 상추가 들어간 샐러드를 특히 좋아하였다고 전해지고 있다.

우리나라의 재배 역사에 대하여 『아시아 종묘(류경오, 2013) 자료』에 따르면 1958년 '동래원예기술원'에서 시험적으로 재배가 시작되고, 미군 군납용으로 발전하여 김해, 양산 지방에서 조금씩 재배되었다. 1980년대 중반부터 납품업체에서 호텔의 외국인 전용 식당에 한정하여 공급되었다. 1996년 이후 백화점에서 특수 채소 코너가 활성화 되면서 인지도가 높아지고, 소비량도 증가하고 있다. 최근에는 텃밭의 쌈 채소로 본격적인 재배가 이루어지고 있다.

로메인 상추 (레드)

강일동 텃밭에 자라는 로메인 상추

토머스 제퍼슨(1743~1826)

상추를 즐겨 먹은 토머스 제퍼슨 대통령

상추를 가장 좋아한 사람 중에 미국의 제3대대통령 토머스 제퍼슨(Thomas Jefferson, 1743~1826)이 있다. 룝의 『당근, 트로이전쟁을 승리로 이끌다』라는 책에 의하면 제퍼슨이 상추를 얼마나 좋아하였는지 알 수 있다.

그는 토머스 제퍼슨의 월요일 이라는 제목에서 상추라면 사족을 못 쓰던 토머스 제퍼슨은 몬티셀로(Monticello)에 열다섯 종의 상추를 심었는데, 계속 신선한 상추를 먹기 위하여 2월 1일부터 9월 1일까지 매주 월요일 아침마다 상추씨를 아주 조금씩 심었다고 하였다. 그가 살던 몬티셀로는 현재 버지니아(Virginia)주 샬러츠빌에 위치하며, 미국 역사기념물로 유네스코(UNESCO) 세계유산으로 등록되어 있다.

한편 제퍼슨은 감자도 매우 좋아하였는데 감자를 천하게 여기던 시절에 미국인에게 이것을 먹도록 권장하였다. 그는 프랑스 대사로 있을 때 감자요리를 처음 맛보았으며, 미국의 대통령이 된 다음 백악관 방문객에게 감자요리를 끈질기게 홍보하므로 미국을 감자 생산국으로 발전시켰다. 그는 미국 농업발전에 위대한 업적을 이룩한 인물로 존경받고 있다.

로메인 꽃

로메인 잎

그는 다음과 같은 어록에서 이를 확인할 수 있다.
The greatest service which can be rendered to any country is to add a useful plant to its culture.
—Thomas Jefferson—

"어떤 국가에게도 제공될 수 있는 최상의 봉사는 그 국가의 식(食)문화에 유용한 식물을 도입하는 일이다." 그의 정신은 실사구시(實事求是) 정책과 유사한 교훈적 이야기이다.

재배적 특성

로메인은 국화과에 속하는 초본식물로 원산지는 지중해의 코스 섬으로 알려지고 있다. 자라는 모습이 직립성 원통형으로 결구하지만 속이 빽빽하게 들어차지는 않는다. 잎은 긴 타원형으로 주걱모양으로 생겼으며, 광택이 있고 잎줄기는 두껍고 넓다.

생육적온은 15~20 °C 정도이며, 다른 상추처럼 비교적 시원한 기후를 좋아하며 내한성이 강하다.

재배에는 유기질이 풍부하고 보수력이 좋은 양토 또는 사질양토가 좋다. 적정한 토양산도는 pH 5.7~6.0 정도이며 산성토양에 적응력이 약하다.

재배 시기는 파종(아주심기)하고 약 1개월쯤 지나면 잎을 뜯어내어 먹을 수 있고, 70일 정도 지나면 결구되어 포기로 수확한다. 재배하는 품종에는 청색계열이 주종을 이루고 적색계열의 품종도 재배되고 있다.

로메인 추대

로메인의 식물체

식욕을 증진하고 소화를 촉진시키는 머위

머위 꽃

Butterbur

- 과명: 국화과
- 학명: *Petatsites japonicus* **Max.**
- 한자명: 款冬, 蜂斗葉, 蜂斗菜
- 영명: butterbur
- 일본명: フキ
- 원산지: 일본 등

이름

　머위의 우리말 이름은 지역에 따라 다르다. 영남지방에서는 머구, 머굿대라 하고, 강원 일부에서는 머우라 하며, 제주에서는 꼼치라고 한다. 충청도에서는 머위라고 하는데, 어원은 머휘– 머희– 머위로 변화되었다고 한다.

　한자명은 款冬이라 하는데 겨울에도 싹이 튼다는 뜻이 있으며, 蜂斗菜, 蜂斗葉라고 하는데 꽃봉오리가 여러 개 합쳐 꽃을 피운다는 뜻이 있다.

영명은 butterbur라 하는데 머위 잎으로 '버터'를 싸서 보관한데 유래하고, 원산지가 일본이라는 뜻으로 Japanese butterbur라고 한다. 일본 이름은 후기(フキ)이다.

　학명은 *Petatsites japonicus* **Max.** 이다. 여기에서 속명 '페타시테스'는 그리스어에서 유래하며 '챙이 넓은 모자(petasos)'를 뜻하며 잎이 넓다는 의미가 있다. 종명 '자포니쿠스'는 원산지가 일본이라는 뜻이 있다.

머위의 효능과 식용방법

머위는 옛날부터 민간요법으로 쓰여 왔으며『동의보감』에 머위는 성질이 따뜻하고, 맛은 맵고 달며 독이 없다. 기침을 멎게 하고, 몸에 열이 나거나 답답한 증상을 없애고 허한 몸을 보해준다.

머위의 효능에 대하여 서명자 교수(1998)의『약이 되는 좋은 먹거리』에 따르면 머위는 식욕을 증진하고 소화를 촉진시킨다. 기침을 멈추게 하고 담을 없앤다. 간을 튼튼하게 하고, 폐질환에 도움을 준다.

『문화일보(2012. 4. 10)』보도 자료에 의하면 머위에는 특히 폴리페놀(polyphenol) 성분이 많아 소화를 돕고 식욕을 촉진시켜 식곤증과 소화불량이 있는 사람에게 효과가 있다. 머위 꽃은 가래를 멎게 하고, 잎은 이뇨작용에 도움을 준다.

머위의 식용방법에 대하여 장준근(2011)의『산야초 동의보감』에 따르면 머위는 독특한 향미가 있어 기호적 식품으로 맛을 아는 사람만이 즐기고 있다. 줄기는 데쳐서 껍질을 벗겨 나물로 먹으며, 생것을 장아찌로 한다. 잎은 쓰고 아린 맛이 있어 버리는 경향이 있으나 잎을 삶아서 한동안 우려낸 뒤 소금을 뿌려 두었다가 밀가루에 버무려 쪄서 먹으면 별미가 있다. 흐르는 물에 잘 우려낸 잎은 갖은 양념으로 무치거나 기름으로 볶아 먹기도 한다.

봄철에 덩어리로 뭉쳐 갓 자라나는 꽃은 날것을 된장에 박아 장아찌로 담거나 또는 조림으로 하면 맛이 좋다. 줄기나 잎보다 꽃을 튀긴 것을 일품으로 치는데

머위 잎과 줄기

수확된 머위

초봄에만 만날 수 있다는 아쉬움이 있다. 어린잎을 살짝 데쳐서 쌈으로 먹기도 하고, 줄기는 들깨 탕으로 요리하여 먹어도 맛이 좋다.

머위를 월장초(越墻草)라 부르게 된 사연

머위는 예로부터 고사리 등과 함께 정력(精力)을 감퇴시키는 식품이라고 여겨 왔다. 옛날 어느 부부가 부부관계를 원만하게 하면서 즐거움 속에서 다정하게 살았다. 그러나 나이가 들면서 남편의 정력이 점차 감퇴하여지자 부인은 만족하지 못하고 재미가 조금씩 없어져 짜증이 늘어 갔다. 그러던 어느 날 꽃대가 왕성하고 잎이 하늘을 바칠 듯이 펼치며 무성하게 자라는 머위를 보게 되었다.

부인은 옳다! 이것을 옮겨 심고 남편에게 먹이면 정력이 향상될 것이라 생각했다. 그러나 결과는 정 반대로 나타났다. 화가 난 그 부인은 심었던 머위를 다시 뽑아 담 밖으로 내쳐버렸다. 머위를 담장 밖으로 버렸다는 '월장초(越墻草)'라 부르게 된 사연이 여기에서 비롯되었다.

그러나 머위는 요즈음 새로운 평가를 받고 있다. 다이어트 식품으로 적합할 뿐만 아니라 독일과 스위스에서는 항암과 각종 염증치료의 약재로 개발되고 있다고 한다. 일본에서도 중풍예방제로 쓰인다고 한다. 천대받던 머위가 이제 새로운 가치관을 정립하면서 귀하게 쓰임 받는 시대로 되어가고 있다.

머위가 자라는 텃밭

머위 (송정섭)

재배적 특성

머위는 국화과 식물에 속하는 다년생 숙근 초본으로 산야의 습지에서 잘 자라 재배되는 채소라기보다 텃밭 주변의 둑 등에 저절로 자라는 것을 채취하여 이용하는 채소라고도 할 수 있다. 원산지는 일본이며 한국과 중국에도 분포되고 있다. 이른 봄이 되면 굵은 땅속줄기가 옆으로 뻗으면서 끝에서 잎이 나와 자라다가 일찍 진다. 암수딴그루이며 꽃도 암수가 따로 피는데 암꽃은 흰색이고 수꽃은 연노랑색이다.

머위 꽃

생육적온은 우리나라 기후에 비교적 잘 적응하지만 더위와 건조에 약한 편이다. 재배에는 토심이 깊고 비옥하며 적당한 습도가 유지되는 양토가 좋다. 재배시기는 3~4월에 포기나누기를 하여 심으면 보통 이듬해 봄부터 수확하여 식용할 수 있다.

김광식(2006)의 『가정원예』에 따르면 머위는 현기증, 기관지천식, 인후염, 편도성염, 축농증, 진통, 벌레나 뱀에 물린데 등의 치료제로 이용한다. 먹는 방법으로 머위의 잎줄기는 무침으로, 꽃은 어릴 때 튀김으로, 잎은 양념 무침으로, 껍질은 장아찌 등의 반찬으로 이용 된다. 그리고 녹즙, 머위 샐러드, 된장무침, 조림 등으로도 쓰인다.

머위의 식물체

상추

날것으로 즐겨 먹는 다양한 품종의

Lettuce

- 과명: 국화과
- 학명: *Lactuca sativa* L.
- 한자명: 菜, 萵菜, 千金菜, 生菜
- 영명: lettuce, garden lettuce
- 일본명: チシャ
- 원산지: 지중해 연안의 터키, 이란 등

상추

이름

　상추 이름의 어원은 '생채'이며 날(生)로 먹을 수 있는 채소(菜)라는 뜻에서 비롯되었다. 이것이 생치, 상치 등으로 소리음이 변하여 상추가 되었다.
한자명은 중국의 서부에 위치한 외국(外國, 현재의 이란을 지칭함)에서 상추가 도입되었다는 뜻으로 와거(萵苣)라 하였는데, 상추는 초본성이므로 와채(萵菜)라는 이름이 생겼다. 중국 당(唐)나라 때에는 비싼 돈을 주고 구할 수 있는 채소라는 뜻과 맛이 좋다는 의미로 '千金菜'라는 이름도 있다.
　영명은 'lettuce'라고 하는데 라틴어의 'lactuca'에서 비롯되었으며 'garden lettuce'라고도 한다. 일본 이름은 지샤(チシャ)'라고 한다.
　학명은 *Lactuca sativa* L. 이다. 여기에서 속명 '락투카'는 상추의 잎 줄기 등에 흰 젖(乳) 모양의 즙액이 함유되어 라틴어 lac 또는 lactis에서 유래하고, 종명 '사티바'는 재래종이라는 뜻이 있다.

피로회복과 불면증 등에 효능이 있는 상추

상추는 시기심 등 신경과민으로 생긴 위의 열을 내리는데 탁월한 효과가 있으며, 짜증을 가라앉히는 효능이 있다.

상추의 식품가치에 대하여 이정명 교수(2013) 등 『채소학 각론』에 따르면 '상추는 전 세계인이 즐겨먹는 채소이며, 우리나라의 대부분 잎상추는 쌈으로, 결구상추는 샐러드로 식용된다. 상추의 줄기나 잎을 자르면 하얀 유액이 나오는데 여기에는 락투신(lactucin) 등의 성분이 함유되어 특유의 쌉쌀한 맛을 내고, 생리활성작용으로 위궤양, 발열, 최면, 정신안정, 진통 등에 효능이 있다.'는 내용으로 기록되었다. 특히 상추는 신경이 과민한 사람에게는 안정감을 주고 스트레스를 완화하며, 불면증 환자에게 효과가 있다.

상추에 들어있는 루테인(lutein)성분은 눈의 건강에 도움을 주고, 비타민류는 피로회복과 피부건강에 좋으며, 철분은 빈혈 예방에 효과적이다. 이밖에 상추에 들어있는 미네랄은 이뇨작용의 효능이 있고, 섬유소는 변비 치료에 효과가 있다.

중국(明나라)의 약학자 李時珍(1522)의 『본초강목』에 따르면 '상추는 가슴에 뭉쳐진 화를 풀어주며, 막힌 경락을 뚫어준다'고 기록되었다.

상추를 쌈으로 먹는 쌈밥문화는 한국의 독특한 문화로 비빔밥에서와 같이 세계적인 관심을 끌고 있다.

상추 (적치마)

강일동 텃밭에 자라는 청축면 상추

장독대 주변의 상추재배 이야기

　상추에는 특유의 쌉쌀한 맛과 독성이 있어 해충이 잘 접근하지 못한다. 또 뱀이 상추와 접촉하게 되면 앞을 보지 못한다는 이야기도 있다.

　옛날에 우리나라에는 장독대 근처에 상추를 심은 관행이 있었는데 이는 상추를 식품용도 외에 뱀의 접근을 방지하는 목적이 있었다.

　전해지는 이야기에 따르면, 장독대는 주부들이 항상 드나들며 간장, 된장 등을 덜어내게 되는데 이때마다 조금씩 흘린 것이 세월이 흐르면 장독대 주변의 흙은 염분을 지니게 된다. 그런데 뱀이 허물을 벗기 위해서는 염분을 섭취하여야 하기 때문에 장독대 근처로 모여든다는 것이다. 이에 따라 뱀이 장독대 주변에 접근하지 못하도록 상추를 심어 방호벽으로 삼았다는 지혜 있는 이야기가 전해지고 있다.

　농촌진흥청 농업과학기술원의 『유기농 텃밭가꾸기』에 의하면 상추를 재배하다보면 껍질이 없는 민달팽이가 나오는데, 이것은 생김새도 징그럽지만 상추의 새싹을 잘라먹거나 어린잎을 먹어 해를 준다. 따라서 친환경적인 민달팽이 방제 방법으로, 막걸리나 맥주로 유인하여 구제하는 방법이 있다. 즉 작은 용기에 막걸리나 맥주를 담고 담배 1개비 정도의 가루를 섞어서 저녁 무렵 상추 밭에 놓으면 밤새 민달팽이가 들어와 빠져 죽는다고 한다.

적축면 상추

상추 꽃

재배적 특성

상추의 원산지는 지중해 연안의 터키와 그 내륙의 이란 등으로 알려져 있다. 상추는 고대 이집트의 피라미드 벽화에 나타나 있고, BC 550년경 페르시아 왕의 식탁에 올랐다는 기록이 있을 정도로 재배역사가 오래되었다.

우리나라도 고려시대에 쓰인 『향약구급방(鄕藥救急方, 1236)』의 기록 등으로 미루어 상추의 재배역사는 오래되었다고 할 수 있다.

상추 재배를 위한 생육 적온은 15~20°C 정도로 서늘한 기후를 좋아하며, 생육기간에 온도가 높아지면 쓴맛이 증가하고 생리적 장애가 발생한다.

재배에 알맞은 토양은 유기질이 풍부하고 보수력이 좋으며 배수가 잘되는 양토 또는 사질양토이며, 토양산도는 pH 5.8~7.2 정도가 적당하다.

품종은 국립종자원에 757종이 등록(2013 현재)될 정도로 많이 있다. 그러나 대표적인 품종은 포기를 통째로 수확하는 '축면(縮緬, 오그라기)상추'와 잎을 젖혀 한 장씩 수확하는 '치마(leaf)상추'로 분류할 수 있다. 축면(bunching)상추는 다시 잎의 색에 따라 적축면(赤縮緬)과 청축면(靑縮緬)으로 분류하고, 치마상추도 적치마와 청치마 품종으로 구분하고 있다.

고전 기록으로 강희맹(1424~1483)의 『사시찬요(四時纂要)』에는 '상추는 줄기가 흰 것이 좋고, 줄기가 붉은 것은 못한데, 6월에 심는다'고 하였다.

상추 줄기

상추 어린묘

쑥갓

황백색 꽃이 피는 쌈채소로 좋은

쑥갓 꽃

Garland Chrysanthemum

- 과명 : 국화과
- 학명 : *Chrysanthemum coronarium* L.
- 한자명 : 茼蒿, 蓬蒿, 艾菊
- 영명 : garland chrysanthemum, crown daisy
- 일본명 : シュンギク
- 원산지 : 지중해 연안, 유럽 등

이름

쑥갓의 이름은 그 잎과 줄기의 생김새가 '쑥과 같다'는 뜻으로 붙여진 이름이라고 한다.

한자명은 茼蒿, 艾菊菜, 蓬蒿라고 하며 모두 국화과 식물의 쑥을 상징한다. 영자명은 garland chrysanthemum 또는 crown daisy 라고 한다. 일본 이름은 봄에 꽃이 피는 국화(春菊)라는 뜻으로 시윤기구(シュンギク)라고 하며, 고려국(高麗菊)이라는 별칭도 있다.

학명은 *Chrysanthemum coronarium* L. 이다. 여기에서 속명 '크리샌티멈'은 라틴어로 황금색 꽃을 뜻하며, 그리스어에서 황금색을 의미하는 'chrysos'와 꽃을 가리키는 'anthemon'의 합성어이다. 종명 '코로나리움'은 왕관 모양이라는 뜻으로 쑥갓의 꽃 모양을 상징하는 뜻에서 비롯되었다.

풍부한 칼륨 등으로 성인병 예방에 좋은 건강식품

쑥갓은 그 향이 독특하고 풍미가 있어 우리나라에서는 상추와 더불어 쌈용

채소로 수요가 증가하고 있다. 상추쌈에 쑥갓을 약간 얹어 함께 먹으면 더욱 풍미가 있다. 또한 생선찌개 등 각종 요리에 빠질 수 없는 건강식품으로 쓰이고 있다. 쑥갓의 영양학적 가치와 효능에 대하여 이정명 교수(2013)의 『채소학각론』을 비롯하여 『농촌진흥청 자료』 등을 기초로 살펴보면 다음과 같이 요약할 수 있다.

첫째, 쑥갓은 가식부분 100g 중에 칼륨의 함량이 610mg 정도로 다른 채소에 비하여 상대적으로 많아, 고혈압이나 뇌졸중과 같은 성인병 예방에 도움을 주는 식품이다.

둘째, 칼슘의 함량도 38mg 정도로 시금치(40mg)의 함량과 비슷하여, 신경을 안정시키는 효능이 있고, 불면증이 있는 경우 수면을 유도하는데 도움을 주는 식품이다.

셋째, 비타민류의 베타카로틴은 3,755ug 정도로 특히 많이 함유되고, 알칼리성 식품으로 피부 미용과 빈혈의 예방, 야맹증 치료 등에 도움을 주는 식품이다.

넷째, 예로부터 쑥갓을 먹으면 위(胃)를 따뜻하게 하며, 활동을 원활하게 하여 소화를 잘되게 하고, 정장(整腸)작용을 통하여 장을 튼튼하게 하고, 배변(排便)과 설사 등에 도움이 된다.

이밖에도 자외선을 쪼인 쑥갓, 상추, 시금치 등의 잎채소는 혈중 콜레스테롤을 낮추고, 항암, 항노화, 동맥경화 등 성인병 예방의 기능성 성분이 많이 함유되어

파종 23일후   쑥갓 잎

있다.

쑥갓을 독초라고 생각한 태종 이방원

　쑥갓은 지중해 연안이 원산지로 재배역사가 오래 되었다. 우리나라는 중국을 거쳐서 들어온 것으로 알려지고 있다. 최세진(崔世珍, 1468~1542)의『훈몽자회(訓蒙字會, 1527)』기록에 쑥갓(茼菜) 이름이 수록되어 있고, 이보다 앞서『태종실록(31권)』에도 쑥갓(茼菜)의 이름이 수록된 것으로 보아 고려 또는 조선조 초기에 들어온 것으로 추정된다.

　『조선왕조실록(太宗實錄)』에 따르면 1416년 3월 5일 부터 쑥갓을 임금님 밥상에 올리지 말라는 기록이 있다. 즉 태종 이방원(李芳遠, 1367~1422)은 1416년 3월 보장산(寶藏山)으로 사냥을 나갔다가 동두천(沙川縣) 부근의 소요산(逍遙山) 아래에서 하루를 머물게 되었다. 이때 왕을 따르며 몰이하는 사람들 중에 독초(毒草)를 나물로 잘못 먹고 갑자기 6명이 급사한 사건이 발생하였다. 이에 왕이 놀라 그 상황을 물으니 신하가 답하기를

　"독초를 나물로 먹고 순식간에 황홀해져 정신을 차리지 못하고 귀, 눈, 입, 코에서 피가 나왔다"고 하면서, 그 독초의 이름과 생김새에 대하여 "독초 이름은 망초(莽草)이고. 향명은 대조채(大鳥菜)인데 그 생김새가 줄기는 쑥갓(茼菜)과 같고, 뿌리는 목숙(苜蓿)과 같았다"라고 하였다. 이 같은 보고에 왕은 가슴

강일동 텃밭에 자라는 쑥갓

쑥갓 꽃(2)

아파하면서 유가족들에게 쌀과 콩을 각각 2석씩 주도록 하였다. 그리고 '앞으로 쑥갓과 목숙은 어전에 올리지 말라'고 명령하였다.

- 命司餐 御膳勿進 茼菜苜蓿 -
(명사찬 어선물진 동채목숙)

쑥갓은 우리나라를 비롯하여 인도를 중심으로 동쪽지역의 동남아시아를 비롯한 중국, 일본 등에서는 식용 채소로 이용된다. 그러나 유럽에서는 꽃을 보기 위하여 관상용으로 이용된다.

쑥갓 전초

재배적 특성

쑥갓의 원산지는 지중해 연안 등으로 알려져 있으며, 국화과 식물로 1~2년생 잎채소로 재배되고 있다. 쑥갓의 생육 적온은 15~20°C 정도로 서늘한 기후를 좋아하지만 더위에 견디는 성질도 비교적 강한 편이다. 또한 추위에 견디는 힘도 비교적 강한 편으로 10°C까지 생육하므로 겨울에도 간단한 시설로 재배가 가능하여 연중 수확할 수 있다.

재배에 알맞은 토양은 비옥한 사질토양으로 적당한 습도에 잘 자라며 땅이 건조하면 생육이 불량하다. 병충해의 피해도 적은 작물에 속한다. 생육기간이 짧아 보통 봄과 가을에 수확 하는데, 봄 재배는 4월에, 가을 재배는 9~10월에 파종한다.

쑥갓 꽃잎

파종방법은 줄뿌림 또는 점뿌림으로 하며 지온(地溫)이 20°C 이상이어야 발아한다. 재식거리는 보통 포기 사이를 20~25cm의 간격으로 하고, 이랑나비는 1~1.2m 정도로 한다.

엔디브

잎이 두껍고 아삭아삭한 맛 좋은 쌈상추

엔디브

Endive

- 과명: 국화과
- 학명: *Cichorium endiva* L. var. *endiva*
- 한자명: 茅菜, 苦苣, 苦菜
- 영명: endive, cut endive, curled endive
- 일본명: エンダイブ, キクヂシャ
- 원산지: 지중해 연안 유럽 등

이름

엔디브 이름은 외래어에 비롯되어 '엔다이브' 라고도 한다. 엔디브가 우리나라에 처음 도입되면서 프랑스 이름 시코레(chicoree)를 영어로 치코리라 발음하여 잘못 인식된 사례도 있다. 우리말 이름은 꽃상추이며, 북한에서는 꽃부루 라고 한다.

한자명은 '茅菜' 이다. 국화과의 쓴(苦) 상추(苣) 라는 뜻으로 '苦苣' 또는 '苦菊' 라는 이름을 치코리와 혼용하고 있다. 맛이 쓴 채소라는 의미로 苦菜 또는 苦菊이라는 이름도 있다.

영명은 'endive, cut endive, curled endive 등이다. 그 어원은 라틴어(intybus, intibus)에서 유래되었다. 일본 이름은 영명을 인용하여 엔디브(エンダイブ) 또는 국화과 식물의 상추라는 뜻으로 기구찌샤(キクヂシャ) 라고 한다.

학명은 *Cichorium endivia* L. var. *endiva* 이다. 여기에서 속명 '치커리움' 은 그리스어의 행하다(kio)와 밭(chorion)의 합성어로 '밭에서 재배된다.' 는 뜻에서 비롯되었다고 한다. 종명과 변종명의 '엔디비아' 는 이집트어로 1월(tybe)을 의미하며 지중해성 기후에서는 엔디브가 1월에 수확된다는 뜻이 있다.

엔디브와 치코리의 비교

　엔디브는 우선 한자명 등 이름에서 부터 혼동을 주고 있다. 맛은 상추와 유사하며 이눌린(inulin) 성분이 함유되어 약간 쓰지만 득특한 풍미가 있다. 주로 샐러드, 쌈 채소, 겉절이 등으로 이용되고 잎의 모양이 예뻐 음식의 장식용으로 쓰인다. 전 세계적으로 상추 다음으로 많이 이용되는 샐러드용 채소이다.

　이정명 교수(2013) 등 『채소학 각론』에 의하면 엔디브는 잎이 다소 두껍고. 주로 비타민 A와 C, 미네랄 및 섬유소를 다량 함유하고 있다. 잎의 양분 함량은 잎 색깔에 따라 변하는데 녹색의 외부 잎이 연백의 내브 잎보다 많다. 주로 상추처럼 샐러드로 이용되며, 약용으로 강장제와 완화제 등으로 쓰인다.

　엔디브와 치코리의 차이점은 국화과 같은 치커리슥(*Cichorium*) 식물의 근연종으로 유사한 부분이 있지만 '종(種)'의 특성에는 차이점이 있다. 예를 들면 첫째, 엔디브는 자가 수정을 하지만 치커리는 타가수정을 한다. 둘째, 엔디브는 1년생 초본식물이지만 치커리는 2년생 또는 야생종의 경우 다년생 초본식물이다. 셋째, 엔디브는 주로 잎을 먹지만 치커리는 뿌리, 잎, 순을 먹는 차이가 있다. 그러나 때로는 중간의 특성을 보이는 식물체도 상당수 있다.

엔디브의 식물체

엔디브 어린잎

엔디브의 효능과 한자명 고거(苦苣)이야기

　엔디브는 1980년대 초부터 서양에서 도입되어 시험 재배가 시작되고, 그 결과 잘 적응하여 쌈, 샐러드, 무침 등에 이용되고 있다. 아삭아삭한 맛과 특유한 쓴맛이 있으며 근래에 쌈 채소로 인기가 있어 수요의 증가와 더불어 재배 면적도 확장되고 있다.

　엔디브의 영양과 효능에 대하여 박권우 교수(2002)의 『모듬 쌈채』에서 비타민 A 효력이 있는 카로틴이 들어있고, 철분이 풍부하다고 하였다. 프랑스에서는 약용식물로 취급해 연약하고 힘없는 위를 강화시키기 위해서, 눈이 아플 때와 손발이 저리고 통풍이 걸렸을 때 식용하여 효과를 본다고 했다.

　한편 한국원예학회의 『원예학용어 및 작물명집』에는 엔디브의 한자명을 '苦苣'라고 수록하였다. 그런데 같은 한자명이 고전 문헌에도 기록되어 혼동을 주고 있다. 예를 들면 홍만선(1643~1715)의 『산림경제(救急편)』에 고거(苦苣)는 뱀에게 물렸을 때 즙을 내어 먹고 그 찌꺼기는 상처에 바른다고 하였다. 즉 사독(蛇毒)에는 마늘이나 고거, 콩잎, 들깻잎 등의 즙을 내어 먹고 찌꺼기를 상처에 붙여 준다는 내용이다.

　　　　－ *治蛇毒 蒜 苦苣 豆葉 荏葉 取汁飮 滓付之* －
　　　　　(치사독 산고거두엽임엽취즙음재부지)

엔디브가 자라는 강일동 텃밭

엔디브 성장중

그리고 이행(李荇, 1478~1534)의 『용재집(容齋集)』에도 고거의 푸릇푸릇한 채소의 빛은 밭가운데 있도다(苦苣刺如針 靑靑嘉蔬色 在中園)라고 하였다.

이밖에 권필(權韠, 1569~1612)의 『석주집(石洲集)』 시문에도 등장한다. 따라서 이 같은 기록은 15세기 이전부터 우리나라에는 고거가 밭에 자라고 있었음을 의미한다.

그러므로 엔디브의 한자명 유래 등과 고전에 수록된 '고거'와의 관계를 잘 규명하고 새롭게 인식하여 앞으로 혼동을 야기하는 사례가 없도록 하여야 할 것이다.

추대된 엔디브

재배적 특성

엔디브는 국화과에 속하는 1년생 초본 식물로 지중해 연안이 원산지이다. 엔디브의 생육적온은 15~20°C 정도이며, 호냉성 채소에 속한다. 상추처럼 비교적 시원한 기후를 좋아하고 내한성이 강한 잎채소이다.

재배에는 토심이 깊고 통기성이 좋으며 유기물이 풍부한 사양토 또는 양토가 좋다. 보통 상추를 가꿀 수 있는 땅의 조건이면 어디서나 재배가 가능하다. 적정한 토양산도는 pH 6.0~6.5 정도이다.

엔디브는 장일성 식물로 분류되며 초여름에 파종하면 빨리 꽃대가 올라오는 특징이 있다. 특히 뿌리가 가늘고 길게 뻗는데 길이가 130cm 정도 자란다고 하며 그 중 80% 정도는 20cm 깊이에 분포하는 특징이 있다.

재배시기는 봄 재배의 경우 3~4월 파종(아주심기)하여 5~7월 수확한다. 가을 재배는 9월에 파종(아주심기)하여 10월 이후 수확한다.

재배 품종에는 잎이 가늘고 심하게 오글거리는 컬키드 계통과, 잎이 상추처럼 넓은 에스케롤(escarole) 계통이 있다.

참나무류 잎을 닮은 오크리프 상추

Oak-leaf

- 과명: 국화과
- 학명: *Lactuca sativa* L. var. *oak-leaf*
- 한자명: 萵苣變種
- 영명: oak-leaf
- 일본명: オクリブ
- 원산지: 지중해 연안, 유럽 등

오크리프 상추

이름

오크리프 이름은 국제적으로 공통 사용되는 상추의 학명에서 유래하였다. 즉, 상추를 의미하는 '락투카 사티바' 다음에 붙여진 변종(變種, variety)으로 잎의 생김새가 참나무류(상수리나무 등) 잎을 닮았다 하여 붙여진 이름이다. 우리나라 이름(鄕名)은 최근 도입되어 아직 정착된 이름이 없고 '원예학용어 및 작물명집' 등에도 수록되지 않았다.

한자명은 '萵苣變種'으로 자세히 알 수 없다. 영명은 참나무(oak)의 잎(leaf)처럼 갈라진 잎의 모양 때문에 oak-leaf라고 한다. 일본 이름은 상추(チシャ)의 변종을 인용하여 오구리푸(オクリブ)라고 한다.

학명은 *Lactuca sativa* L. var. *oak-leaf* 이다. 여기에서 속명 '락투카'는 상추의 몸에서 흰 젖(乳) 모양의 즙액이 함유되어 라틴어 'lac' 또는 'lactis'에서 비롯되었다. 종명 '사티바'는 재래종이라는 뜻이 있다. 변종명 '오크리프'는 참나무류 잎과 닮았다는 뜻이 있다.

입맛을 돌게 하고 성장 발육을 촉진하는 건강식품

오크리프 상추는 서양에서도 육류(肉類) 요리에 없어서는 안 될 정도로 샐러드로서 뿐만 아니라 각종 서양요리에 필수적으로 쓰인다. 잎의 생김새가 참나무류를 닮아 독특하고 신기하며, 아름다운 색깔이 있는 상추로 맛이 달고 좋으며, 씹으면 아삭아삭하여 입맛을 돌게 한다. 무침, 겉절이, 비빔밥 등에도 넣어 먹을 수가 있다.

이 같은 특성 때문에 최근에 도입된 새로운 품종이지만 쌈 채소 등으로 인기가 높고, 수요도 급증하며, 텃밭식물 재배자도 선호하고 있다. 적색계열의 오크리프는 색깔과 모양이 아름다워 음식의 장식용 채소로도 애용되고 있다.

오크리프 상추의 효능에 대하여 박권우 교수(2009)의 『기능성 채소』에 따르면, 매일 먹으면 피부건조와 잇몸출혈을 방지할 수가 있고, 부녀자의 경우 산후 젖 분비량을 증가시킨다. 특히 오크리프는 비타민 E를 함유하는데 신체적 결함이 없는 여성이 섭취하면 임신에 도움이 된다.

또 비타민 E는 어린이의 가장 중요한 내분비선을 알맞게 발달시킨다. 또 엽산은 모발의 색깔을 곱게 하고, 혈구의 재생, 각종 빈혈에 큰 효과를 나타내고, 신체의 성장 발육을 촉진한다.

757종의 상추 품종과 오크리프 도입과정

오크리프 (레드)

오크리프 어린 잎

제2장 국화과, 비름과 식물이야기

2013년 현재 농림축산식품부 산하 '국립종자원'에 등록되어 재배되고 있는 상추의 품종은 757종에 달한다. 이 처럼 많은 상추에 대하여 각 품종이 지니고 있는 식물학적 특성 등을 체계적으로 분류하는 작업은 쉬운 일이 아니다. 그러나 일반적으로 잎상추(var. *crispa*), 결구상추(var. *capitata*), 배추상추(var. *longiflora*), 줄기상추(var. *asoaragina*) 등의 계열로 구분하여 세분하고 있다. 따라서 오크리프 상추는 잎상추 계열로 분류할 수 있다.

오크리프 상추가 우리나라에 처음 도입되어 재배된 것은 1992년으로 추정하고 있다. 국내 재배 내력에 대하여 박권우 교수(2009)의 『기능성 채소』에 따르면 특수, 희귀채소 재배를 시도하고 있던 가락동 송강농장 이라고 하였다. 그 당시는 소량의 씨앗이었고, '오크린 그린' 품종 계였다. 본격적 재배는 1996년경으로 수경베드에서 재배되면서부터였으며 충남 공주시 사곡면 엔젤농장에서였다.

1997년부터 기업적으로 특수채소를 백화점과 호텔에 공급하는 농가들이 급속히 늘어나면서 오크리프의 재배면적이 증가되기 시작하였다. 처음 재배자들은 포기재배를 원칙으로 하였지만 차차 치마상추처럼 잎 따내기로 수확방법이 바뀌게 되었고 현재는 거의가 잎 따내기를 하고 있다.

오크리프 상추가 자라는 강일동 텃밭

오크리프 잎 (레드)

재배적 특성

오크리프 상추는 국화과에 속하며, 원산지는 지중해 연안과 유럽으로 추정하고 있다. 오크리프 상추는 잎의 모양이 특이하며 길게 갈라져 있고, 광택이 있으며 쉽게 시들지 않는 특징이 있다. 다른 상추에 비하여 잎의 부드럽고 씹으면 아삭아삭하며, 단맛이 있고, 잎줄기는 도톰하여 즙이 많은 특성이 있다.

생육적온은 15~20°C 정도이며 기존의 다른 상추처럼 비교적 시원한 기후를 좋아하며 여름 더위에는 약하다.

오크리프의 식물체(1)

재배에는 토심이 깊고 배수가 잘되는 유기질 함량이 많은 사질양토나 양토가 좋다. 적정 토양산도는 pH 5.7~6.0 정도이다.

오크리프 재배 시기는 로메인 상추를 비롯한 일반 상추와 유사하다. 재배 품종에는 청록색군(群)과 적색군이 있다.

오크리프의 잎줄기에는 우유빛 즙액이 들어 있는데 고온기에 많이 생성되고 쓴맛을 낸다. 이는 아편과 같은 최면, 진통의 효과가 있어 많이

오크리프의 식물체(2)

먹게 되면 졸음이 온다. 쓴맛은 햇빛이 강한 여름이나 물의 공급이 불충분할 때 또는 추대하게 되면 강해진다.

식이섬유와 이눌린 성분이 풍부한 우엉

우엉 꽃 (조유성)

Great Burdock

- 과명: 국화과
- 학명: *Arctium lappa* L.
- 한자명: 牛蒡, 惡實, 鼠粘子, 蒡翁菜
- 영명: edible burdock, burdock
- 일본명: ゴボウ
- 원산지: 지중해 연안에서 서부아시아에 이르는 지역

이름

우엉이란 이름은 한자명 우방(牛蒡)을 어원으로 하여 비롯되었다. 이것이 소리음이 변하면서 '우벙'이 되고 다시 'ㅂ'이 떨어져 우윙이 되었다가 우엉으로 부르게 되었다.

한자명은 소들이 잘 먹는다하여 우방(牛蒡 또는 牛菜)이라 하였다. 열매의 모양이 지저분하고 가시가 많아 악실(惡實)이라 하였으며, 씨의 겉껍질에 가시가 많아 쥐가 지나다가 걸리면 잘 헤어나지 못한다 하여 서점자(鼠粘子)라고도 하였으며, 蒡翁菜라고도 한다.

영명은 'edible burdock' 또는 'great burdock' 이다. 일본 이름은 고보우(ゴボウ) 라고 한다.

학명은 *Arctium lappa* L. 이다. 여기에서 속명 '악티움'은 우엉꽃 모양이 곰의 머리와 닮았다 하여 그리스어의 곰(arktos)에서 유래하였다. 종명 '라파'는 씨가 동물이나 털에 붙어 전파된다는 뜻으로 라틴어 'lappare'에서 비롯되었다.

우엉의 영양학적 가치와 효능

 우리나라는 우엉에 관한 홍보와 식품가공 기술의 미흡으로 수요가 늘지 않고 있으며, 경남, 경북 등 주로 하천 주변에 재배하고 있다. 그러나 우엉은 건강식품으로 재배역사가 오래되었다. 옛날에는 임금님의 밥상에 오를 정도로 귀한 식품으로, 늦가을부터 초겨울이 가장 맛있는 시기로 알려져 있다. 일본에서는 '우엉을 먹으면 늙지 않는다'는 속담이 있을 정도로 건강식품으로 잘 알려져 많이 재배하여 먹고 있다.

 우엉의 영양학적 가치와 효능에 대하여 관련 자료를 발췌하여 보면 첫째, 우엉은 뿌리채소 가운데 식이섬유의 함량이 가장 많은 채소로 변비예방에 도움을 주며, 혈중 콜레스테롤 수치를 낮추어 주고, 비만 해소에 도움이 된다.

 둘째, 우엉 뿌리에는 이눌린(inuline) 성분이 풍부하여 당뇨병 환자에게 좋은 식품이며, 정장(整腸)작용도 한다.

 셋째, 우엉에는 아르기닌(arginine)이라는 아미노산이 들어있어 정력증진과 이뇨작용의 효능이 있고, 허약한 체질과 치매예방에 도움을 주는 건강식품이다.

 넷째, 우엉의 떫은 맛이 나는 타닌(tannin) 성분은 해독(解毒)작용과 염증을 방지하며, 피부건강에 도움을 준다. 특히 우엉의 뿌리를 자를 때 끈적거리는 리그닌(lignin) 성분은 항암작용이 있어 각종 암의 예방과 치료에 효능이 있다.

 이와 같은 우엉의 영양성분은 주로 뿌리의 껍질 가까운 곳에 들어 있으므로

우엉 뿌리

우엉 잎

껍질을 벗기지 말고, 물에 잘 씻어 가능한 빨리 요리하거나 차로 달여 마시는 것이 좋다.

약재에서 식용채소로 재배된 우엉

우리나라 우엉 재배역사는 『향약구급방(鄕藥救急方, 1236)』으로 미루어 고려 (또는 그 이전)로 추정되고 있다. 우엉에 관한 기록으로 『조선왕조실록』을 종합적으로 살펴보면 조선조 초기에는 약재용으로 재배되었다가, 조선조 중기 이후에 식용채소로 재배되었다.

예를 들면 첫째, 1400년대에는 우엉을 악실(惡實)이라 하여 '재배되는 약재라는 뜻으로 종양약재(種養藥材)'라 하였다. 재배지의 분포에 대하여 『조선왕조실록(세종地理志)』은 1순위는 강원도이고, 2순위는 함경도(咸吉道)라고 기록되었다. 이밖에 전라도는 6순위, 충청도는 10순위로 우엉의 재배 상황을 전국적으로 자세하게 파악하고 있었다.

둘째, 1500년대 중반부터 우엉은 왕실과 민가에서 식용하는 채소로 이용되었다. 『조선왕조실록(명종, 1545. 8. 11)』에 따르면 거듭되는 재변(災變)으로 인하여 임금은 근신하는 뜻으로 반찬 수를 줄였는데 그 목록 중 우엉(牛蒡根)이 귀한 식품으로 분류되었다. 그리고 민간에서 거둬들이는 폐단을 줄이고자 노력하였다.

우엉 줄기 (산림과학원에서 촬영)

우엉 씨앗

― *素膳之物牛蒡根 取于*
民間其幣減之 ―
(소선지물우방근 취우민간기폐감지)

셋째, 1800년대에 들어서면서 우엉에 대한 식품의 관심은 외국(일본)에 까지 기울이고 있었다. 『조선왕조실록(순조, 1809. 12. 20)』에 따르면 일본에 다녀온 역관 현의순(玄義洵)이 보고하기를 '일본사람의 반찬에 우방(牛蒡)이라는 것이 있는데, 그 맛이 매우 담백하다'고 하였다.

― *饌用 牛蒡之屬 其味甚淡* ―
(찬용·우방지속 기미심담)

우엉 식물체

재배적 특성

우엉은 국화과에 속하는 2~3년생 초본식물로 원산지는 지중해 연안에서 서부 아시아와 중국에 이르고, 시베리아 등에도 오래 전부터 분포되었다.

우엉의 생육적온은 20~25°C 정도이며 더위에 견디는 힘이 강하고 30°C를 넘는 한여름에도 잘 자란다. 그러나 3°C 정도에서 지상부는 말라죽지만 그 뿌리는 추위에 견디는 힘이 강하여 이듬해까지 월동한다.

재배에는 토층이 깊고 배수가 잘되는 비옥한 땅이 좋다. 토양산도는 pH 6.5~7.5 정도로 중성 내지 알칼리성 토양을 좋아하는 식물이다. 그러나 연작을 하면 병해가 발생하는 약점이 있으므로 수년 간격으로 윤작하는 것이 좋다.

재배 시기는 3~4월에 파종하여 8월부터 이듬해 봄까지 수확하는 것이 보통이다. 품종으로는 장근종과 단근종을 비롯하여 잎을 식용하는 잎우엉 등이 있다.

민들레 모양으로 은은한 쓴맛이 있는 치코리

치코리 (로사이탈리아나)

Chicory

- 과명: 국화과
- 학명: *Cichorium intybus* L.var. *foliosum*
- 한자명: 菊苣, 野生苦苣, 菊苦菜
- 영명: chicory
- 일본명: ヂコリ, キクニガナ
- 원산지: 지중해 연안과 유럽 등

이름

치코리 이름은 외래어에서 비롯되어 치커리라고도 하지만 한국원예학회는 치코리로 권장하고 있다. 형태가 다양한 재배종 중에 잎줄기가 붉고 민들레 모양의 레드치코리(red chicory)를 '적잎치코리' 또는 '적색잎치코리'라고 하는데 이름이 너무 길어 '적치'라고도 한다.

한자명은 菊苣, 野生苦苣, 菊苦菜 등이 있다. 건강에 좋다는 뜻으로 '吉康菜'라는 이름도 있다.

영명은 'chicory'이다. 일본 이름은 영명을 인용하여 치고리(ヂコリ), 또는 기구니가나(キクニガナ)라고 한다.

학명은 *Cichorium intybus* L. var. *foliosum* 이다. 여기에서 속명 '치코리움'은 그리스어의 행하다(kio)와 밭(chorion)의 합성어로 '밭에서 재배된다'는 뜻이 있다. 종명 '인티부스'는 이집트어로 1월(tybe)을 의미하며 지중해성 기후에서는 1월에 수확한다는 뜻이 있다. 변종명 '폴리오섬'은 잎을 샐러드 등으로 이용한다는 의미가 있다.

치코리의 영양학적 가치와 효능

치코리는 텃밭에서 상추처럼 재배하기 쉽고, 잎을 뜯으면 뜯을수록 계속 자라나와서 쌈 채소로 적합하여 그 수요가 급증하고 있다. 재배종은 그 형태와 생태적 특성이 조금씩 다르다. 이 중 '레드치코리(Italiana)'는 재배역사가 짧지만 모양이 민들레 잎을 닮아 친근감을 주며, 쌈 채소로 은은한 쓴맛이 입맛을 당기게 하여 인기가 높아지고 있다.

치코리의 영양학적 가치와 효능에 관하여 수집된 자료를 중심으로 종합하여 정리하면 첫째, 치코리에는 이눌린(inulin), 타닌(tannin), 알칼로이드(alkaloid) 등의 영양성분이 들어 있다.

둘째, 치코리에는 쓴맛을 내는 인티빈(intybin)이라는 성분이 함유되어 소화를 촉진하고, 피를 맑게 하며, 이뇨, 간장 질환 치료제 등의 다양한 건강식품이다.

셋째, 약리작용으로 활성화합물(chlorogenic acid)에 의하여 항암효과가 있다. 이밖에 당뇨, 고혈압, 위장염, 간장 질환 등 성인병 예방에 효능이 있다. 무처럼 생긴 뿌리를 갈아 말려서 커피의 대용으로 쓰거나 색과 쓴맛을 짙게 하는 첨가제로도 사용된다.

세계적 전파경로와 우리나라의 치코리 재배역사

치코리의 세계적 전파 경로에 대하여 이정명 교수(2013) 등의 『채소학 각론』

치코리 (붉꽃)

치코리 꽃

에 따르면 고대 이집트, 그리스 및 로마에서는 샐러드용 채소로서 잎을 먹었으며, 뿌리는 약용으로 이용하였다. 특히 로마인들은 야생종을 샐러드로 이용하였으며, 17세기부터 독일에서 재배하였다는 기록이 있다. 그 후 영국으로 전파되어 재배종으로 정착하였으며, 18세기 프랑스에서는 치코리 뿌리를 볶아서 커피 대용으로 이용하면서 여러 나라에 확산 보급되었다.

우리나라의 치코리 재배역사는 매우 짧다. 이 부분에 대하여 박권우 교수(2009)의 『기능성 채소』에 의하면, 레드치코리의 경우 1980년대 후반에 특수채소 재배농가에서 소량 재배하여 호텔 등에 제한적으로 납품하여 높은 가격으로 거래되었다. 1990년대 초 고려대 원예과에서 양액재배가 처음 시작되었으며, 1995년도부터 몇몇 농가에서 면적을 늘려 재배하였다. 1996년 '새로운 먹거리 채소' 라는 홍보물을 통하여 치코리가 국내에 널리 알려지게 되었으며, 이로 인하여 1997년부터 본격적인 재배가 시작되었다. 그리고 시설하우스는 가나안농장의 김은태 등이, 수경재배는 경기 파주의 풀하나영농에서 시도되었다.

한편 1970년대부터 치코리 뿌리가 커피 대용으로 각광을 받으면서 중부지방과 강원도에서 일부 재배 되었으며, 1980년대 이후 샐러드 용 채소로 재배되기 시작하여 전국적으로 확산되었다.

강일동 텃밭에 자라는 치코리

치코리 줄기와 꽃

재배적 특성

치코리는 국화과에 속하며 원래는 다년생 초본식물로 원산지는 지중해 연안과 유럽으로 알려져 있다. 형태적 특성은 적색잎치코리(Italiana)의 경우 모양은 민들레와 비슷하며 잎줄기는 짙은 적자색을 띠고, 잎자루에 녹색의 잎이 넓은 톱니 모양을 하고 있다.

치코리의 생육적온은 15~20°C 정도이며 상추처럼 비교적 서늘한 기후를 좋아하며 내한성이 강하다.

재배에는 토심이 깊고 배수가 잘 되는 유기물 함량이 높은 사질양토나 양토가 적합하다. 적정 토양산도는 pH 5.6~6.8 정도이다. 부드러운 어린잎은 모양이 아름다워 쌈 채소로 인기가 있으며 샐러드, 나물 등으로 이용된다. 그러나 열을 가하면 쓴맛이 더하여지므로 날로 먹는 것이 좋다.

텃밭의 재배 시기는 5월경에 파종(아주심기)하여 1~2개월 뒤 잎이 자라게 되면 상추처럼 겉잎부터 연속적으로 수확할 수 있다. 재배종은 진한 적색줄기와 잎이 민들레와 비슷한 'Italiana'를 비롯하여, 잎이 둥글고 백색의 잎줄기와 붉은색 잎이 조화를 이루는 레드치커리 등이 있다.

치코리 식물체

치코리 어린묘

비름과 식물
108 근대　　112 비트　　116 시금치

<시설원예 재배의 역사적 기록>

如幸甘菜等蔬菜
築土宇過冬培養

祝申昊哲雅兄出版記念
南江宋河徹書

(여신감채등소채 축토우과동배양)
— 조선왕조 실록 중에서 —

'신감채 등 여러 가지 채소를 집을 짓고
겨울에도 기르게 하라'

(본문 ⊃.118 참조)

출처 : 연산군실록 1505.7.20
글씨 : 南江 宋河徹

줄기와 잎을 언제나 잘라 먹을 수 있는 근대

근대

Swiss Chard

- 과명: 비름과
- 학명: *Beta vulgaris* L. var. *flavescence*
- 한자명: 根菾菜, 莙薘, 厚皮菜
- 영명: swiss chard, leaf beet
- 일본명: フダンソウ, かえんざい
- 원산지: 유럽남부 이탈리아 등

이름

근대 이름의 어원은 근첨채(根菾菜)이며 이를 일본 발음으로 'Kentientsai'라고 하다가 소리음이 변하여 우리말로 정착되는 과정에서 비롯된 것으로 생각된다. 군달(莙薘)에서 유래하였을 가능성도 있다.

한자명은 잎이 두텁다하여 후피채(厚皮菜) 또는 牛皮菜라 하며, 첨채(菾菜) 등 이름도 있다. 영명은 'chard'이다. 라틴어 'carduus'에서 유래되었는데 뿌리와 대칭되는 잎을 상징한다. 'leaf beet' 또는 'spinach beet'라고도 한다.

일본 이름은 줄기나 잎을 잘라 먹으면 새순이 곧 돋아나 언제나 먹을 수 있다고 하여 후단소(フダンソウ, 不斷草)'라고 한다. 가엔사이(かえんざい, 火焰菜)라고도 한다.

학명은 *Beta vulgaris* L. var. *flavescence* 이다. 여기에서 속명 '베타'는 라틴어의 옛말로 켈트어의 붉은색(bette)에서 유래하며, 종명 '불가리스'는 보통이라는 뜻이 있고, 변종명 '시칠리아'는 이탈리아의 시칠리아 섬의 특산이라는 뜻이 있다.

시력 보호, 어린이 발육 등에 좋은 식품

근대의 원산지는 지중해 연안으로 이탈리아의 시칠리아 섬을 비롯한 서아시아에서 기원전 1,000년 전부터 재배되었다. 터키, 이란 등에도 재배역사가 오래되었다.

우리나라에는 중국을 통하여 들어온 것으로 추정되지만 재배가 시작된 연대는 확실하지 않다. 그러나 『동의보감(1613)』에 기톡되어 있고, "增補山林經濟(治圃條)"에 '뿌리와 줄기로 국을 끓여먹으면 맛이 담백하다'라는 기록으로 미루어 재배 역사는 오래 되었다고 할 수 있다.

근대의 효능에 대하여 『국립원예특작과학원 자료』에 따르면 첫째, 무기질과 비타민 A 공급원으로 우수한 채소라고 하였다. 피부가 거칠거나, 밤눈이 잘 보이지 않고(夜盲症), 성장발육이 늦어지는 어린이에게 좋은 채소이다.

둘째, 각종 알칼로이드가 있으나 독은 없고, 뿌리에는 주로 베타인(betaine) 성분이 함유되어 이뇨의 효능이 있다.

셋째, 씨앗은 몸을 차게 하는 발한제(發汗劑)로 쓰인다. 넷째, 신선한 잎은 화상(火傷)이나 타박상에 주로 이용된다.

유태종(2012)의 『음식궁합』에 따르면, 근대에는 옥살산(수산이라고도 함)이 많아 신석증이나 담석증의 원인이 되기도 한다. 그런게 시금치도 뛰어난 채소이기는 하지만 옥살산이 대단히 많아 근대와 시금치를 함께 먹으면 결석의 원인을

근대 어린잎

적근대 어린잎

더해주는 작용을 하므로 좋지 않다. 옥살산은 열에 매우 약하므로 가열하여 분해시키는 방법이 있다.

국민에게 행복감을 주는 텃밭 재배

텃밭에 근대 등 건강식품을 재배하면 한 여름에도 푸르름이 짙어 정서(情緖)를 순화하고 마음을 안정시키는 작용을 하여 삶의 질을 향상 할 뿐 아니라, 자연의 소중함과 공동체 의식이 회복되어 이웃과 나눔의 기쁨도 경험할 수 있다. 신선한 건강식품 생산을 통하여 가족의 건강에도 도움을 주는 효과가 있다. 따라서 텃밭 농사는 가족과 국민들에게 행복감을 줄 수 있다.

박근혜 대통령은 2013년 2월 25일 취임사에서 국민행복시대를 열어가겠다고 하였다. 국민행복시대를 여는 정책은 여러 가지가 있을 터이지만 청와대에 공간 일부를 활용하여 텃밭을 조성하고 대통령이 망중한(忙中閑)으로 텃밭식물을 심고 가꾸는 모습을 국민들에게 보여준다면 우리는 여기에서도 행복감을 느끼게 될 것 같다.

대통령이 직접 가꾼 텃밭에서 생산된 식품이 청와대 식당에 오른다면 여기에 참여한 이들도 행복해 할 것이다. 이 같은 분위기가 전국의 각 기관과 학교 등에 확산된다면 그 파급 효과는 국민행복시대를 여는 길잡이가 될 것이다. 자연을 사랑하며 식생활을 개선하는 계기도 마련되고 자연에 순응하는 삶의 변화를 통

적근대 잎줄기

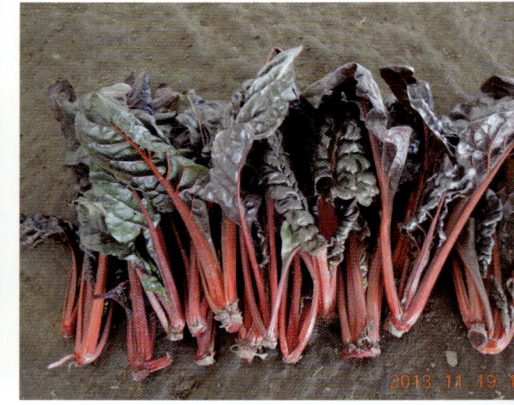

강일동 텃밭에서 수확한 적근대

한 행복감을 체험하게 될 것이다.

미국 오바마 대통령의 영부인 '미셸 오바마'는 백악관 뜰에 텃밭을 조성하고 채소를 가꾸어 화제가 되었다. 신선하고 가공되지 않은 식품의 필요성을 강조해온 미셸 영부인은 백악관 정원에 무려 55가지의 채소를 재배하였다고 한다. 어린이와 함께 미소 지으며 텃밭을 가꾸는 모습은 참으로 아름답고 즐거운 행복감을 느끼게 하였다.

적근대의 식물체

텃밭 식물 중 근대는 강한 생명력을 가지고 자라기 때문에 텃밭을 처음 시작하는 이에게 자신감을 가지고 재배할 수 있는 작물이라 생각된다. 아무 땅이나 가리지 않고 잘 자라며, 옮겨 심어도 잘 자란다. 병충해도 거의 없으며, 봄, 가을 적당한 시기에 씨앗만 뿌리면 누구나 손쉽게 수확할 수 있는 채소이다. 영양학적 가치도 시금치에 비교할 수 있는 정도의 좋은 채소이다.

재배적 특성

근대는 비름과 식물로 2년생 초본이다. 생육적온은 15~18°C가 적당하며, 서늘한 기후를 좋아하지만 한 여름에도 비교적 잘 자라는 채소로 봄부터 가을까지 재배가 가능하다. 시금치 재배가 어려운 한 여름에도 근대는 재배하기 쉬운 채소이다. 보통 4월에 파종하면 6월에 수확할 수 있고, 8~9월에 심으면 가을에 수확하다가 월동하고 이듬해 봄까지 수확할 수 있는 식물이다.

재배에는 토심이 깊고 물 빠짐이 좋은 사질토나 점질토가 좋고 토양산도는 pH 6.0~7.0 정도의 중성 내지 약알칼리성을 좋아한다.

붉은색 뿌리채소로 고급요리에 이용되는 비트

Table Beet

- 과명: 비름과
- 학명: *Beta vulgaris* L.var. *rapa*.
- 한자명: 根恭菜, 紅菜頭, 火焰菜
- 영명: beet, table beet, garden beet
- 일본명: テブルビート, カエンサイ
- 원산지: 지중해 연안 유럽남부의 이탈리아 등

비트

이름

　비트 이름은 외래어에서 비롯되었으며 아직 우리말 이름으로는 정착되지 못하였다. 뿌리가 붉은색이고 단맛이 있으며 무처럼 생겨 홍당무라고 할 수 있으나, 당근(홍당무)과 다르다. 설탕가공용 비트는 사탕무(sugar beet)라고 하고, 가축사료용 비트는 사료비트(mangel)라고 부른다.
　한자명은 뿌리의 색과 모양을 상징하여 홍채두(紅菜頭) 또는 화염채(火焰菜)라 하고, 근공채(根恭菜)라고도 한다.
영명은 beet, table beet. garden beet, red beet 등이 있다. 일본 이름은 영명을 인용 데부루비도(テブルビート) 또는 한자명 화염채를 인용하여 가엔사이(カエンサイ) 라고 한다.
　학명은 *Beta vulgaris* L. var. *rapa* 이다. 여기에서 속명 '베타'는 그리스 문자에서 비롯되고 붉다는 뜻의 켈트어 'bette'에서 유래하였다. 종명 '불가리스'는 보통이라는 뜻이 있다.

비트의 효능과 미국인이 싫어하는 '지오스민' 흙냄새

　미국의 리베카 룹(Rebecca Rupp)의 『How Carrots Won the Trojan War(2012)』에 따르면 비트는 미국인이 싫어하는 채소 중의 하나이다. 2008년 미국의 텃밭식물 재배자 중에 11%만 비트를 심었다. 오바마 대통령과 영부인 미셸 여사도 비트를 싫어하여 2009년 백악관의 유기농 채소정원에 55종의 많은 채소를 심었지만 비트는 심지 않았다. 미국인이 비트를 싫어하는 이유는 지오스민(geosmin)이라는 독특한 성분이 함유되어 여기에서 흙냄새가 나기 때문이라는 것이다.

　반대로 한국인은 이 흙냄새를 오히려 좋아한다. 휴양림 등 깊은 산속에 들어가면 땅에서 구수한 흙냄새가 나는데 이는 '지오스민' 성분이 함유되어 있기 때문이다. 이 성분은 우울증 치료에도 도움을 준다.

　비트는 색깔이 아름다울 뿐만 아니라 엽산, 비타민 B 복합체는 물론이고, 세포의 손상과 노화를 막는 산화방지제 성분이 풍부하다. 매일 비트 즙을 마시면 독소가 몸에서 씻겨나가고, 혈압과 콜레스테롤 수치가 낮아지며, 심혈관계 질환과 대장암의 발병 위험이 낮아진다. 그러나 비트를 먹으면 분홍색 오줌을 누게 된다.

　비트의 영양과 효능에 대하여 박권우 교수(2002)의 『기능성 모듬쌈채』에 의하면 비타민, 무기질은 적지만 당질이 많이 들어 있다. 특히 잎에는 사포닌

비트 재배 중

강일동 텃밭에서 수확한 비트

(saponin)이 함유되어 있다. 비트의 효능에는 피부병, 가려움증의 치료효과가 있으며, 어린이의 발육과 골격형성에 좋고, 치아를 튼튼하게 하며, 모발의 성장을 돕는다.

이밖에 비트의 뿌리에는 베타시아닌(betacyanin)이라는 붉은 색소가 함유되어 뿌리를 자르면 빨간색의 둥근 무늬가 동심원(同心圓)으로 예쁜 모양을 나타내어 샐러드 등의 장식용으로 좋다. 특히 요리를 하여도 붉은 색이 진하게 남아 있는 특성이 있어 고급 요리에 많이 이용된다.

프랑스-영국 전쟁과 비트 이야기

룹(Rupp. 2011)의 『How Carrots Won the Trojan War』에 의하면 비트가 세계 역사에서 중요한 비중을 차지한 시기는 1812년 프랑스에서 슈가비트를 원료로 하여 설탕생산을 위한 제당공장이 설치되면서 부터라고 할 수 있다.

이 같은 배경에는 프랑스의 강력한 나폴레옹(Napoleon) 군대가 내륙을 점령하며 전쟁을 도발하므로, 해군력이 강한 영국은 이를 억제하고자 항구를 봉쇄하였다. 그 결과 서인도 제도에서 들어오는 사탕수수의 공급이 차단되었다. 그리하여 프랑스에서는 설탕 대용으로 건포도, 벌꿀 등을 이용 하였으나 만족스럽지 못하게 되었다.

이때 한 약사(藥師)가 비트(사탕무)에서 설탕을 뽑아내자고 제안하여 제당공

비트 이식 직후

비트 잎

장이 설립되고 비트재배가 활성화 되었다. 나폴레옹이 워털루 전투에서 영국의 웰링턴(Wellington) 장군에게 패배하기 전의 이야기이다.

나폴레옹 군대가 영국군에게 패한 또 다른 원인은 식품의 저장기술 차이에도 있었다. 즉 나폴레옹 군대가 유럽을 점령하면서 식사시간을 줄이기 위하여 현상금 1만 2천 프랑을 걸어 1809년 제과점 주인 니콜라스 아페르(Nicholas Appert)가 '병조림'을 개발하였다. 영국군은 그후 가볍고 운반하기 쉽고 깨지지 않는 '통조림'을 1810년 영국 상인 피터 듀랜드(Peter Durand)가 개발하여 양철통에 넣은 저장식품의 기술이 개발되었기 때문이다.

비트 텃밭

서양에서 비트 재배 역사는 2~3세기경 이탈리아에서 시작되어 프랑스를 거쳐 북유럽까지 전파되었다. 18세기경 영국에서 재배가 일반화 되었으며, 미국에는 19세기 초부터 재배하기 시작하였다.

재배적 특성

비트는 비름과에 속하며, 2년생 초본식물로 원산지는 지중해 연안과 남부유럽의 이탈리아 등이다. 강화순무와 비슷하게 생긴 붉은색 뿌리채소이다.

우리나라에서는 1990년대 중반부터 녹즙 위주로 뿌리를 먹고있다. 최근에는 잎이 탐스럽고 맛도 좋아 쌈 채소 등 기능성 건강식품으로 재배되고 있다. 잎은 납작하게 퍼진 거위 발을 닮았으며, 뿌리에서 나는 잎은 타원형으로 두껍고 연하지만 줄기에서 나는 잎은 긴 타원형으로 끝이 뾰족하다.

비트의 생육적온은 13~18°C 정도로 서늘한 기후를 좋아하고 내한성이 비교적 강하다.

재배에는 토심이 깊고 유기질이 풍부한 양토가 적당하다. 적정한 토양산도는 pH 5.6~6.7 정도이며, 약산성 토양을 좋아한다. 재배 시기는 3~5월에 파종하여 1개월 정도면 잎을 채취하고, 60~80일 정도 지나면 뿌리 수확도 가능하다.

시금치

페르시아(이란)에서 전래된 세계 10대 건강식품

Spinach

- 과명: 비름과
- 학명: *Spinacia oleracea* L.
- 한자명: 菠薐菜, 菠菜, 紅根菜
- 영명: spinach
- 일본명: ホウレンソウ
- 원산지: 아시아의 이란, 카자흐스탄 등

시금치(프렌트, 농우바이오)

이름

시금치 이름의 어원은 원산지 지명을 뜻하는 페르시아(이란)의 '菠薐'에서 유래하였다. 이우철(2005)의 『한국 식물명의 유래』에는 시금치의 붉은 뿌리를 상징하여 적근(赤根) 또는 적근채(赤根菜)를 어원으로 시근채, 시근취, 시금치로 변화하였다. 싱금치, 시금추라는 이름도 있다.

한자명은 '페르시아'에서 전래된 채소라는 뜻으로 '菠薐菜' 또는 '菠菜'라고 한다. 빨간색 뿌리채소라는 뜻으로 '紅根菜'라고도 한다.

영명은 종자에 가시(spine)가 있다는 의미로 'spinach' 또는 spinage 라고 한다. 일본 이름은 한자명 파릉채를 인용하여 호우렌소(ホウレンソウ)라고 한다.

학명은 *Spinacia oleracea* L. 이다. 속명 '스피나시아'는 라틴어에서 종자에 가시 또는 뿔(spina)이 있다는 뜻에서 비롯되었으며, 종명 '올레라시아'는 식용으로 쓰이는 채소라는 뜻이 담겨있다.

시금치를 먹으면 힘을 얻는다는 뽀빠이 이야기

시금치는 녹색 식품의 대표적 잎채소로 각종 영양분이 풍부하여 채소의 왕이라고 불린다. 미국의 타임지도 브로콜리 등과 함께 세계 10대 건강식품으로 선정(2002)하여 영양학적으로 우수한 식품으로 발표 하였다. 미국에서 1930년대 제작한 애니메이션 '뽀빠이(popeye)' 시리즈는 '시금치를 먹으면 힘을 얻는' 건강식품으로 폭넓게 소개한바 있다.

농촌진흥청(2011) 『보도자료』에 따르면 시금치는 비타민 A와 C가 풍부하고, 섬유질이 많으며, 철분, 칼슘 등의 함량이 높아 노인이나 성장기 어린이와 임산부에게 좋은 건강식품으로 발표하였다. 시금치의 효능으로는

첫째, 보혈, 식욕증진제로서 매우 우수하며, 잎이 부드럽고 질이 좋은 섬유가 들어있어 환자용으로 추천되고 있다.

둘째, 시금치에는 사포닌 등 성분이 들어 있어 변비의 예방에 효능이 있다.

셋째, 시금치에는 베타카로틴을 포함한 암 예방물질인 엽록소를 다량 함유하고 있어 폐암 등에 탁월한 효과가 있다. 이밖에 시금치는 알칼리성 식품으로 소화를 돕는 건강식품이다.

그러나 시금치는 데친 다음 먹어야 한다. 시금치에는 유기산으로 수산(蓚酸, oxalic acid) 등이 많이 함유되어 위장, 신장의 혈관을 튼튼하게 하지만, 그대로 먹으면 무기수산으로 변하여 칼슘에 달라붙어 신장이나 요도에 결석(結石)이 생길 수 있다.

시금치의 새싹

시금치가 자라는 강일동 텃밭

또한 시금치는 수확하여 하루 이상만 지나도 영양가가 절반 정도로 감소될 수 있으므로 영양분을 최대한 파괴시키지 않고 먹기 위해서는 날것으로는 오래 두지 말고 데쳐서 통조림이나 냉동으로 가공하여 먹는 것이 좋다. 시금치를 먹으면 시력이 좋아 지지만 보관할 때는 세워서 보관하여야 한다. 2일간 뉘어서 보관한 시금치는 '쓰레기'나 다름없다는 이야기가 있을 정도이다.

조선시대의 온실재배

우리나라에 시금치가 전래된 시기는 최세진(崔世珍, 1468~1542)의 『훈몽자회(訓蒙字會)』의 기록으로 미루어 조선왕조 초기로 추정하고 있다. 『조선왕조실록(연산군일기 1505. 7. 20)』에 따르면 1505년 임금이 전교하기를 '신감채 등 여러 가지 채소를 장원서(掌苑署)와 사포서(司圃署)로 하여금 흙집을 짓고 겨울에도 기르게 하라'는 기록이 있다.

- 辛甘菜等諸種蔬菜 令築土宇過冬培養 -
(신감채등제종소채 영축토우과동배양)

이 같은 기록은 우리나라가 이미 역사적으로 500년 이전부터 온실(溫室)을 만들어 겨울에도 채소를 재배하여 이용하였다는 것을 의미한다. 온실에 재배한 채소의 종류와 이름은 자세히 밝혀지지 않았으나 시금치도 온실재배 종으로 포함

시금치 잎

시금치의 식물체

되어 있었다고 할 수 있다.

시금치의 성질이 '차고 매끄러우며 맛이 달다.'고하는 측면에서 긍정적이지만, 약용식물의 미나리과에 신감채도 따로 있다.

재배적 특성

시금치는 비름과에 속하는 1~2년생 초본식물로 원산지는 중앙아시아의 이란, 카자흐스탄 등이다. 시금치는 해가 길어질 때 꽃이 피는 대표적 장일성(長日性) 식물이며, 암·수딴그루의 특성을 가지고 있다. 시금치의 재배 시기는 봄에는 3~5월에 씨뿌리기(아주심기)를 하여 4~6월에 수확하고, 가을에는 9~10월에 씨뿌리기(아주심기)를 하여 10~11월에 수확하거나 월동하여 이른봄에 수확한다.

시금치 꽃과 열매

생육 적온은 15~20°C 정도로 서늘한 기후를 좋아하며, 추위에 견디는 힘은 강하다. 그러나 고온이나 건조에는 약한 편이다. 평균기온이 25°C 이상에서는 생육이 정지되거나 꽃이 피기 때문에 더운 여름의 재배는 피하는 것이 좋다.

재배에는 부식질이 풍부하고, 배수가 잘되는 사질양토가 적합하다. 토양산도는 pH 6.0~7.0 정도이다. 산성에 약한 작물로 중성 내지 알칼리성 토양을 좋아하므로 충분량의 석회를 미리 주고 땅을 일궈야 한다.

품종은 종자의 표면에 돌기(가시)가 있는 동양종과, 돌기가 없는 서양종 등이 있다. 동양종은 추위에 견디는 힘이 강한 편이지만, 고온에 꽃대가 쉽게 올라온다. 반대로 서양종은 추위에는 약하지만 고온에도 꽃대가 늦게 올라와 여름재배도 가능하다. 우리나라 시금치 주산지는 전남의 신안과 경남의 남해 등이며 해안지방 생산품이 우수한 것으로 평가 받고 있다.

제3장
배추과 식물 이야기

124 · 잎은 채소, 씨앗은 양념으로 쓰이는 **갓**
128 · 새로 육성된 배추과 식물 **배무채 · 다채**
132 · 김치 재료로 이용되는 밭에서 나는 인삼 **무**
136 · 김치 식품으로 가장 많이 쓰이는 **배추**
140 · 양배추를 진화시킨 녹색꽃양배추 **브로콜리**
144 · 강화순무와 제갈량을 연상하는 **순무**
150 · 세계 3대 장수식품의 하나 **양배추**
154 · 재배기간이 짧은 우주식량 **적환20일무**
158 · 식욕을 돋워주는 배추의 조상 **청경채**
162 · 양배추류 조상으로 녹즙과 쌈채소로 좋은 **케일**
166 · 양배추와 순무가 교배되어 탄생한 **콜라비**
170 · 브로콜리처럼 꽃봉오리를 식용하는 **콜리플라워**

배추과식물 A

124 갓	128 배무채 · 다채	132 무
136 배추	140 브로콜리	144 순무

<미국 제3대 대통령 토마스 제퍼슨의 어록>

The greatest service which can be rendered to any country is to add a useful plant to its culture.

— Thomas Jefferson —

어떤 국가에도 제공될 수 있는 최상의 봉사는
그 나라의 음식문화에 유용한 식물을 도입하는 일이다.

(본문 p.77 참조)

출처: 토마스 제퍼슨 어록 중에서

◀ 무

잎은 채소, 씨앗은 양념으로 쓰이는 갓(겨자)

Mustard

- 과명: 배추과
- 학명: *Brassica juncea* Czern.
- 한자명: 芥菜大菜, 大芥菜
- 영명: mustard, leaf mustard
- 일본명: ダイシンサイ, からしな, タカナ
- 원산지: 중앙아시아 및 히말라야 지역

갓

이름

갓이라는 이름은 보통 잎을 채소로 이용할 때 쓰이며, 씨앗을 향신료의 양념으로 이용할 때는 겨자라고 부른다. 한자명에는 겨자라는 뜻으로 芥菜라고 하며, 大菜, 大芥菜, 辛菜, 雪裡紅 등이 있다. 영명은 mustard, Indian mustard, leaf mustard 라고 한다. 그리고 청색갓은 mustard greens, 적색갓은 brown mustard 라고 부른다. 성서에서는 black mustard라고 하였다. 일본 이름은 갓이라는 뜻으로 다이신사이(ダイシンサイ)라고 하며, 겨자채(芥子菜)라는 뜻으로 가라시나(からしな, 또는 タカナ)라고 한다.

학명은 *Brassica juncea* Czern. 이다. 여기에서 속명 '브라시카'는 켈트어의 배추속 'bresic'에서 유래하였으며, 종명 '준세아'는 라틴어 juncus에서 비롯되었는데 골풀(rush)이라는 뜻이 있다.

작은 씨앗이 큰 가지를 낸다는 성경 이야기

겨자의 씨는 크기가 매우 작지만, 자라면 신장성이 대단히 크기 때문에 성경에서는 '큰 발전의 가능성을 상징' 하는 비유의 뜻으로 인용되고 있다.

『신약성경(마가복음 4:31-32)』에 따르면 '겨자씨 한 알과 같으니 땅에 심길 때에는 땅위의 모든 씨보다 작은 것이로되, 심긴 후에는 자라서 모든 풀보다 커지며, 큰 가지를 내나니 공중의 새들이 그 그늘에 깃들일 만큼 되느니라' 라고 기록되었다.

또 겨자씨에 대하여 '이는 모든 씨보다 작은 것이로되 자란 후에는 풀보다 커서 나무가 되매 공중의 새들이 와서 그 가지에 깃들이느니라(마태복음 13:32).' 라고 쓰여 있다.

이스라엘 등에 흔히 자라고 있는 겨자의 씨는 크기가 1mm 정도로 매우 작지만, 땅에서 잎이 나면 채소로 보이고, 줄기가 자라면 키가 2m도 넘게 나무처럼 자란다는 것이다. 따라서 '나무가 되매(becomes a tree)' 라는 기록은 식물학적으로 보면 풀에 해당하지만 자라면 나무처럼 크게 보인다는 뜻으로 해석된다.

히브리 대학의 식물학 교수 조하리(M. Zohary) 박사는 『성서 식물(1986)』에서 '신약성경의 갓(mustard)은 아마도 겨자(black mustard)를 말하는 것 같다고 하면서 주요 양념의 하나인 겨자는 옛날부터 널리 재배되었으며 성서시대에는 기름과 약재로 이용되었다' 고 하였다.

얼청갓

돌산갓

겨자, 와사비, 머스터드 소스의 비교

우리가 양념으로 쓰는 겨자를 생각하면 일본의 대표적 향신료 와사비(ワサビ)를 연상한다. 서양에는 핫도그(hot dog)에 애용되는 머스터드(mustard) 소스라는 것이 있다. 겨자와 와사비는 같은 것으로 생각하는 경우가 있으나 이들은 서로 다르다. 예를 들면 겨자는 배추과 식물로 노란 꽃이 피는 갓의 씨앗을 재료로 하여 갈아 만든 향신료이다. 보통 해파리 냉채, 양장피 요리와 냉면 등의 양념으로 쓰인다.

와사비는 고추냉이(겨자냉이, 山葵)라는 배추과 식물의 흰 꽃이 피는 작물의 잎줄기와 뿌리를 가공하여 만든 향신료이다. 주로 생선회, 생선초밥, 메밀국수 등 일본요리의 양념으로 사용된다.

서양의 머스터드(mustard) 소스는 겨자씨로 만들지만 씨앗에서 기름을 짜낸 다음 부산물을 사용하여 후추, 올리브유 등을 첨가하여 만든 양념으로 샌드위치, 소시지 등을 찍어 먹을 때 주로 쓰이고 있다.

갓은 잎의 색깔에 따라 청색 갓, 적색 갓, 그 중간의 얼청 갓으로 분류할 수 있다. 갓은 우리나라에서 옛날부터 전국적으로 재배되어 왔는데 그 동안 품종의 퇴화와 재배면적의 감소로 인하여 재래종은 거의 사라졌다.

최근에는 갓을 생각하면 여수의 '돌산갓'을 재료로 담근 알싸한 갓김치가 연상된다.

파종 15일후

강일동 텃밭에서 수확 된 청갓

돌산갓은 주로 청색 갓에 해당하지만 우리나라 재래종이 아니고, 약 50여 년 전 일본(세구지마을)에서 도입된 품종이다. 1980년대 이후 향토음식의 하나로 돌산 갓김치가 개발되어 전국에 알려지면서 갓 재배면적은 급격히 확장되고 있다.

재배적 특성

갓은 배추과에 속하는 1년생 식물로 세계적으로 널리 분포한다. 채소용이나 향신료 또는 유료작물로 재배되고 있다. 갓의 원산지는 중앙아시아 등으로 알려져 있다.

갓의 생육적온은 15~25°C 정도로 서늘한 기후를 좋아 한다. 배추과의 식물 중 비교적 더위에 견디는 힘과 병충해에 강하다. 우리나라 남부 해안지방에서는 월동도 가능하다.

토양은 사질토보다는 점질토가 좋으며 유기질이 풍부하고 보수력이 좋은 곳에서 잘 자란다. 토양산도는 pH 5.5~6.8 정도가 적합하다.

종자는 휴면(休眠)이 없으며 생육기간이 짧아 1년에 3회 정도 수확이 가능하다. 매운맛은 꽃봉오리가 맺혔을 때 가장 강한데 이는 시니그린(sinigrin)이라는 성분이 함유되어 있기 때문이다.

갓은 매운맛과 독특한 향이 있어 건강식품으로 김치와 향신료로 쓰이며 거담, 건위 등에도 효능이 있다. 『동의보감』에는 눈과 귀를 밝게 하며, 신장의 나쁜 독을 없애주고, 배변을 원활하게 한다고 기록되었다.

갓 식물체

갓 꽃봉오리

새로 육성된 배추과 식물 배무채·다채

배무채

다채 (비타민채)

Baemoochae · Tatsoi

- 과명: 배추과
- 학명: *xBrassicoraphanus*,
  Brassica campestris L. var. *narinosa*
- 영명: baemoochae. tatsoi
- 한자명: –
- 일본명: –
- 원산지: 아시아의 한국 등

이름

1) **배무채**: 배무채의 이름은 배추의 첫 글자 '배'와, 무를 뜻하는 '무'가 합성되어 유래하였다. 그리고 배추와 무를 속간 교잡하여 육성한 채소라는 뜻으로 '채'가 더하여 '배무채'라는 이름이 생겼다. 이름 유래에 대하여 육성자인 이수성 박사(2013)는 『한국원예발달사』에 다음과 같은 내용으로 기술하였다.

첫째, 배무채 이름은 1997년부터 사용하였다. 처음에 '무추'로 부르려 하였으나, 육종학에서 잡종의 경우 모계의 이름을 앞에 놓고 부계의 이름을 뒤에 넣는 관례에 따라 '배무'라고 하였다. 그러나 과수의 '배'와 혼동할 우려가 있어 차별화하고 채소라는 측면을 강조하고자 '채'를 더하여 '배무채'라고 최종 결정하였다.

둘째, 영명은 Dolstra(1982)가 발표한 'raparadish'로 정하려 했으나 이 잡종은 유전적으로 안정되지 못하여 언젠가 사라질 우려가 있어, 새로 육성된 배무채에 관한 논문을 작성하여 국제적으로 발표하고, 2011년 통과되므로 'baemoochae'라는 영명이 공식적으로 채택되었다. 셋째, 학명으로서 속명은

xBrassicoraphanus 로 붙였다. 국제 학명 규정에 '속간잡종은 앞에 'x'를 붙이고 두 속을 연결한 이름으로 한다.' 라는 규정에 따라 배추(Brassica)와 무(Raphanus)를 연결하여 속명으로 결정되었다. 그러나 종명도 곧 확정되어야 할 것으로 생각된다고 기록하였다.

2) **다채(비타민채)**: 다채의 이름은 비타민 성분이 많이 함유되어 있다 하여 '비타민채' 또는 '비타민'이라고도 부른다. '다우차이'라고도 한다. 영명은 tatsoi 이다.

학명은 *Brassica campestris* L. var. *narinosa* 이다. 여기에서 속명 '부라시카'는 켈트어의 양배추라는 뜻의 bresic에서 유래하고, 종명 '캠패스트리스'는 야생종이라는 뜻이 있다.

배무채의 영양학적 효능과 이용

배무채에 관한 영양학적 효능을 살펴보면, 배추와 무의 중간적인 맛이 있으나 고추냉이(ワサビ)와 같은 매운맛과, 단맛이 조화를 이루며 담백하고 특이한 맛이 있다. 영양가도 높고 기능성 항암성분인 설포라펜(sulforaphene)이 많이 함유되어 항암과 멸균 작용을 한다. 단백질, 당분, 비타민 C의 함량도 풍부하다.

파종 후 40일 정도 자라면 다소 맵고 단맛의 배무채 고유의 맛이 생겨난다. 배

다채 (이정명)

강일동 텃밭에 자라는 배무채

무채로 물김치를 담으면 열무보다 맛있고 오래도록 물러지지 않고 맛이 더 좋아진다. 무침, 겉절이, 샐러드, 샤브샤브 등 용도로도 쓰이며, 아삭아삭하고 시원한 맛이 있다. 그러므로 배무채는 새싹 채소로부터 어린채소, 쌈채소, 열무채소와, 완전히 성장한 식물체를 김치채소와 건강보조식품 등으로 다양하게 이용할 수 있다.

다채(비타민채)의 영양학적 효능과 이용

다채의 영양학적 효능에 대하여 박권우 교수(2002)의 『모듬 쌈채』에 따르면 비타민 A 효력이 있는 카로틴 함유량은 시금치의 2배로 대단히 많다. 생채 100g을 먹으면 하루 필요량의 약 80%(1,461 i.u)를 섭취할 수 있다. 비타민 B1, (0.05mg), B2 (0.06mg)를 비롯하여 철분(6.2mg), 칼슘(9mg)도 풍부하다. 일년 내내 구할 수 있고 잡맛도 없으므로 사용되는 요리 폭이 넓어 이용가치가 높은 녹색채소라고 할 수 있다.

이용방법은 씹는 맛을 좋게 하기 위해 고온에서 단시간 가열하는 것이 중요하다. 가열하면 잎줄기도 녹색이 된다. 잡맛이 적고, 단맛도 있으므로 어떤 요리에도 잘 어울린다. 국, 무침, 조림, 볶음, 전골, 수프재료나 김치를 만들기도 한다. 어패류나 고기와 잘 어울리고 조리면 부서지지 않는 특징이 있다. 이밖에 담백하고 떫은 맛이 없어 성장기의 어린이에게 자주 먹이면 좋다.

다채 (비타민채) 잎

배무채의 식물체

재배적 특성

1) **배무채**: 배추과에 속하는 1년생 초본 식물로 배추와 무를 교잡한 속간잡종으로 우리나라에서 처음으로 육성된 채소이다. 90일 이상 자라면 배추와 같이 통이 앉으며 속잎이 노랗고 뿌리는 작은 무 정도로 뿌리가 자라는 특성이 있다. 저온 장일(長日)에서 꽃눈이 형성되고, 고온 장일에서 추대가 촉진되므로 봄과 여름에는 성숙식물체의 재배가 어렵다. 그러나 열무처럼 이용할 때에는 재배가 가능하다. 텃밭의 경우 겨울을 제외한 연중 재배가 가능하다.

다채 꽃

2) **다채(비타민채)**: 배추과에 속하는 1년생 초본 식물이다. 잎은 광택이 있는 진녹색으로 두껍고 약간 주름이 있다. 잎은 숟가락 모양이며 잎가장자리는 약간 바깥쪽으로 말려 있다. 맛이 부드럽고 저온에 잘 견디는 채소이며, 서리를

배무채 잎

맞으면 오히려 단맛이 더하여 맛이 좋아진다. 텃밭에서는 밀식 재배하여 어린 채소를 수확한다.

텃밭의 재배 방법은 6월에 파종하여 7월에 수확하고, 8월에 파종하여 10월에 수확하며, 10월에 파종하여 12월부터 다음해 2월까지 반복적으로 수확한다. 재배 품종에는 그린 계통과 적색 계통의 품종이 있고 종묘상에서 공급되고 있다.

김치 재료로 이용되는 밭에서 나는 무

Radish

- 과명: 배추과
- 학명: *Raphanus sativus* L.
- 한자명: 蘿蔔, 菜頭, 萊蔔, 大根, 菜菔
- 영명: radish
- 일본명: ダイコン
- 원산지: 중국, 인도, 일본 등

김장무 (청두골드, 아시아종묘)

이름

무는 한자명 복(蔔)에서 비롯되며 우리말로 '댓무'라 부르다가 소리음이 변하여 댄무, 단무, 무우에서 지금의 무가 되었다. 열무는 어린 무를 뜻하며 '여린 무'에서 비롯되었다.

최세진(崔世珍)의 『훈몽자회(訓蒙字會, 1527)』에 따르면 무를 '댓무'라 하는데 세속에서는 나복(蘿蔔)이라 부른다. 한자명 '萊蔔'은 송나라 때부터 있었으며 菜頭, 大根, 仙人骨, 菜菔, 蘿白 이라고도 한다. 영명은 뿌리를 뜻하는 라틴어 라딕스(radix)의 파생어에서 비롯된 'radish'이다. 일본 이름은 대근(大根)을 의미하는 다이공(ダイコン)'이라고 한다.

학명은 *Raphanus sativus* L. 이다. 여기에서 속명 '라파누스'는 고대 그리스어 'raphanis'에 유래하는데 '빠르고(ra), 쉽게(rha), 생기다(phainomai)'의 합성어로 '무가 빨리 쉽게 자란다'는 의미가 있다. 종명 '사티부스'는 재배된다는 뜻이 있다.

디아스타제가 풍부한 밭의 인삼

무는 밭의 인삼이라고 할 정도로 건강식품으로 잘 알려져 있다. 무의 영양학적 효능은

첫째, 무에는 디아스타제(diastase) 등의 효소가 많이 함유되어 소화를 돕고 몸속의 해로운 노폐물을 제거하는 효과가 있다.

둘째, 무의 매운 맛을 내는 유황화합물은 항암과 항산화 효과가 있으며 식중독을 예방한다.

셋째, 무에는 식이섬유가 풍부하여 변비와 당뇨 등 예방효과가 있다.

넷째, 무의 잎과 잎줄기는 비타민 C가 뿌리보다 4배 정도 풍부하고 멜라닌(melanin) 색소의 증가와 항산화 작용으로 노화방지와 동맥경화 등에 도움을 준다. 비타민 C는 주로 잎줄기 부분과 뿌리껍질에 많이 들어 있으므로 깎지 말고 깨끗이 씻어서 먹는 것이 좋다. 이밖에 무를 꿀에 재어 먹으면 열이 나거나 목이 아플 때 도움을 준다.

중국(明나라)의 약초학자 이시진(李時珍, 1518~1593)은 『본초강목(本草綱目)』에서 '무는 음식을 소화시키며 속을 편하게 한다'고 하였다.

김치의 여러 종류와 다꾸앙 이야기

우리나라의 대표적 건강식품은 김치이다. 김치는 '채소를 소금물에 담근다'는

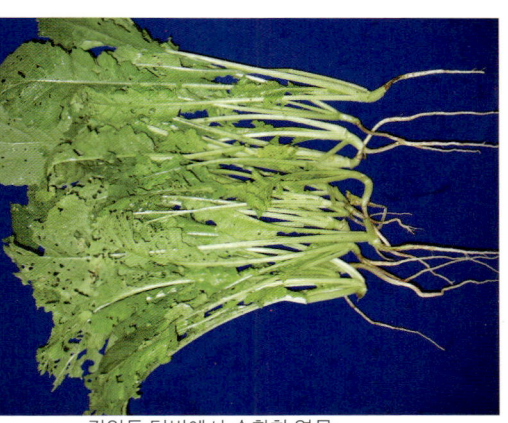

강일동 텃밭에서 수확한 열무

알타리무

뜻으로 '침채(沈菜)'라고 하였는데 팀채, 딤채, 짐치로 소리음이 변하다가 현재의 김치가 되었다. 무를 주재료로 만든 김치에는 동치미, 나박김치, 깍두기, 단무지 등 여러 종류가 있다.

김치에 주로 사용하는 고추를 넣은 것은 18세기 이후의 짧은 역사에 불과하다. 동치미는 물김치의 일종으로 계절을 상징하여 겨울(冬)에 담가 먹는다는 뜻이 있으며, 나박김치는 물김치의 일종이지만 무의 한자명 나복(蘿葍)에서 나박으로 변하여 생긴 이름이다.

깍두기는 옛날 어느 궁녀가 무를 깍둑깍둑 썰었다하여 각독기(刻毒氣), 각두기(刻頭氣)라 하다가 깍두기가 되었다고 한다. 조선시대 문장가 홍현주(洪顯周, 1793~1865)의 부인으로 정조대왕의 따님인 숙선옹주(淑善翁主)가 '임금에게 처음으로 깍두기를 담가 올려 칭찬을 받았다'는 이야기가 있다.

단무지의 외래어(일본) '다꾸앙'은 무절임 김치의 하나로 일본의 스님 이름에서 비롯되었다. 일본 전국시대 어느 스님이 무를 1주일 정도 말렸다가 소금에 절인다음 자기 나름대로 가공식품으로 만들어 저장하였다가 겨울철에 먹었다. 그러던 어느 날 도쿠가와(德川) 장군이 이 음식을 먹었는데 너무 담백하여 부하들에게 극찬하면서 누가 이 음식을 만들었느냐고 물었다. 부하들은 이 음식을 처음 만든 사람은 '다꾸앙(澤庵) 스님'이라고 대답하였다. 그러자 장군은 이 식품의 이름을 스님의 이름으로 정하자고 제안하였다. 그리하여 일본의 스님 이름이

자색 무

무 꽃

오늘날 "다꾸앙"이라는 유래가 되었다.

재배적 특성

무는 배추과의 1년생 뿌리채소이다. 원산지에 대하여는 견해차가 있다. 식물학자 베일리(Bailey)는 동양계(Raphanus) 무의 원산지는 아시아의 중국, 인도, 일본 등이며, 유럽계의 홍당무와 같은 무는 지중해 내륙에 분포하는 종과, 영국 스페인 등에 분포하는 무가 교잡되어 만든 변종으로 지중해 연안이 원산지라고 하였다.

『농촌진흥청 자료』에 따르면 무는 서늘한 기온에서 잘 자라 늦은 봄과 초가을에 재배한다. 생육 적온은 15~20°C이다. 추위와 더위에 견디는 힘은 약한 편이다.

알맞은 토양은 토심이 깊고 적당한 수분이 함유된 사질양토이다. 산도는 pH 5.5~6.8 정도로 산성이 다소 강한 땅에서도 비교적 잘 자란다.

무 재배에 관한 고전(古典)으로 조선시대 강희맹(姜希孟, 1424~1483)의 4계절 농사에 관한 『사시찬요(四時纂要)』에는 소서(小暑) 때 무를 심는다고 하였다.

무 텃밭 (백민봉)

무 새싹

종자는 드문드문 뿌려야하며 촘촘히 심으면 뿌리가 작아진다. 목화밭에 뿌리는 것도 좋고, 메밀과 섞어서 심으면 두 가지가 다 좋다. 호미질은 많이 하는 것이 좋다고 기록하였다.

허균(1569~1618)의 『한정록(閑情錄)』에는 무를 '채복(菜葍)'이라 기록하고 칠석(七夕) 이후에 심으며, 다달이 심을 수도 있고, 다달이 먹을 수도 있다'고 하였다.

김치 식품으로 가장 많이 쓰이는 배추

Kimchi Cabbage

- 과명: 배추과
- 학명: *Brassica rapa* L.ssp. *pekinensis*
- 한자명: 菘菜, 白菜, 黃芽菜
- 영명: chinese cabbage, kimchi cabbage
- 일본명: ハクサイ
- 원산지: 중국 등

김장배추 (휘모리, 아시아종묘)

이름

배추 이름의 어원은 백채(白菜)이며 중국어로 '바이차이'로 발음되고, 이것이 소리음이 변하여 배차 등으로 부르다가 배추가 되었다. 한자명은 白菜, 大白菜, 菘菜, 菘, 白菘, 黃芽菜 등이 있다. 일본 이름은 '하구사이(ハクサイ)'라고 한다. 영명은 중국 배추라는 뜻으로 'Chinese cabbage'라 하였으나 최근 국제적으로 'kimchi cabbage'로 바꾸었다.

학명은 *Brassica rapa* L. ssp. *pekinensis* 이다. 여기에서 속명 '브라시카'는 켈트어로 양배추라는 뜻의 'bresic'에서 유래한다. 종명 '라파'는 그리스어의 '치료하다(rapus)'라는 뜻에서 비롯되었다. 아종(亞種, sub-species)명 '페키넨시스'는 중국의 북경에서 생산된다는 뜻이 있다.

배추의 영양학적 가치와 효능

『국립원예특작과학원(정대성)』자료에 따르면 '비타민 C의 함량이 가식부 100g당 29mg 정도로 많이 들어있어 감기의 예방과, 피부의 미용에 효능이 있고, 칼슘의 함량도 100g당 35mg 정도로 높아 체액을 중화 시켜준다'고 하였다. 배추에 함유된 섬유질은 부드러우며 장(腸)에서 세균의 번식을 억제하고 장의 기능을 활성화 시키는 효능이 있어 과민성 대장염이나, 변비와 설사를 반복하는 사람에게 효과적이다. 또 아미노산의 한 종류인 시스틴(cystine)을 함유하여 구수한 맛을 내며, 고혈압을 예방하는 칼륨의 함량이 100g당 230mg으로 높고 이뇨작용을 한다.

고전 기록으로 허준(許浚, 1539~1615)의 『동의보감(東醫寶鑑)』에 따르면 배추를 숭채(菘菜)라 하여 '성질이 평(平)하고 맛이 달며 독이 없다. 음식을 소화시키고, 기(氣)를 내리며, 장위(腸胃)를 통하게 한다. 가슴속에 있는 열(熱)을 내리고 소갈(消渴)을 멎게 한다.

배추재배의 역사적 발전과정

배추의 원산지는 중국이지만 그 기원은 지중해 연안에서 자라는 잡초성 유채라는 설이 있다. 이것이 중앙아시아를 거쳐 2천년 이전에 중국으로 전파되고 그 후 7세기경에 중국 북부에서 재배되던 순무와 중국 남부에서 재배되던 숭(菘)이 자연적으로 교잡하여 배추의 원시 형으로 나타났고, 16세기경에 반결구 배추가 개발되고, 18세기경에 결구배추가 탄생하였다.

우리나라 배추재배의 역사적 발전 과정은 자세하게 알 수 없다. 그러나 고려

배추 어린묘

봄배추 (춘연골드, 아시아종묘)

때의 『향약구급방(鄕藥救急方, 1236~1251)』에 의하면 배추를 '숭(菘)'이라 하여 약초로 이용하였다.

『조선왕조실록(세종, 1430. 3. 27)』에 따르면 예조에서는 제 계절에 재배한 식품을 왕실에 진상하는 품목을 계절별로 정한 기록이 있다. 이때 배추는 4월부터 5월까지로 규정되었다. 이는 지금처럼 가을이 수확기인 김치배추와 다른 재배 형태를 의미한다. 배추의 크기도 야생종과 비슷한 작은 모양이며, 나물로 이용되었을 것이다.

- 白菜則自四月至五月 令京畿各官供進 -
(백채즉자사월지오월 영경기각관공진)

그 후 허균(許筠, 1569~1618)의 『한정록(閒情錄) 치농편(治農篇)』에 따르면 배추(菘菜)는 재배종으로 분류되어 파종 시기를 '칠석(七夕, 8월 13일경) 이후 심는다.'고 하였다. 따라서 우리나라에서는 배추가 오래 전부터 재배작물로 취급되었다고 할 수 있다. 그리고 무와 함께 김치의 2대 주요재료로 자리매김 되었다.

그러나 옛날의 배추는 지금처럼 잎이 여러 겹으로 겹쳐서 둥글게 속이 드는 '결구(結球)형 배추'는 아니었다. 16세기경에 반결구 배추가 중국에서 처음 개발되고, 18세기경에야 결구배추가 육종되었기 때문이다.

배추 잎

배추가 자라는 강일동 텃밭

재배적 특성

배추는 배추과의 2년생 식물로 원산지는 중국으로 알려져 있다.『국립원예특작과학원(박수형)』기록에 따르면 배추는 서늘한 기후를 좋아하며, 잘 자라는 환경조건으로 '배추의 생육 적온은 18~20℃이고, 결구가 잘 되는 온도는 15~18℃이다.

재배에는 토심이 깊고 보수력과 물빠짐이 좋은 비옥한 양토, 점질양토가 좋으며, 토양산도는 pH 5.5~6.8정도의 약산성을 좋아한다.

배추는 저온성 채소이지만 생육초기에는 고온에도 잘 견딘다. 영하 3℃가 되면 식물체가 일부 피해는 입지만 다시 온도가 높아지면 회복되어 피해가 크지 않다. 배추는 다량의 수분을 요구하는 식물로 짧은 기간에 왕성하게 자라므로 물을 충분히 주어야 한다.

배추는 재배과정에서 반결구 품종이 개발되고, 이후에 현재와 같은 결구형 품종이 탄생하게 되었다.

배추는 속이 찰 때에 묶어줘야 속잎이 빨리 진행되어 결구한다고 생각하는 경우가 있다. 그러나 잘못된 생각이다. 다만 묶어주는 이유는 배추가 된서리를 맞게 되면 동해(凍害)를 받게 되므로 피해를 줄이기 위한 수단 정도로 생각할 수 있다.

텃밭 재배 (권태웅)

배추 꽃

제3장 배추과 식물 이야기

브로콜리

양배추를 진화시킨 녹색꽃양배추

Broccoli

브로콜리 (얼리유)

- 과명: 배추과
- 학명: *Brassica oleracea* var. *italica*
- 한자명: 靑花菜, 綠葉花, 花柳菜, 菜花
- 영명: broccoli, Italian broccoli
- 일본명: ハナヤサイ, ブロッコリ, イタリカンラン
- 원산지: 지중해 연안의 터키 등

이름

브로콜리의 우리말 이름은 '녹색꽃양배추'라고 한다. 형제 격인 백색꽃양배추(콜리플라워)와 유사하다. '녹색꽃양배추'에는 결구형인 헤딩 브로콜리(heading B.)와 비결구형인 스프라우팅 브로콜리(sprouting B.)로 대별할 수 있으나 본질적으로 같은 것이다. 녹색꽃양배추(broccoli)는 국가나 지역에 따라 이탈리아 양배추, 아스파라거스 브로콜리, 그린 헤드 브로콜리, 엘롱게이티드 브로콜리(elongated B.) 등으로도 불리고 있다.

한자명은 '靑花菜, 綠葉花, 花柳菜, 菜花' 등이 있다. 영명은 'broccoli'이며 라틴어 'brachium'에서 유래하고 가지(branch, 枝)라는 뜻으로 작은 가지(little arm)가 모인 큰 꽃송이라는 뜻이 있다. 일본 이름은 하나야사이(ハナヤサイ) 또는 브로고리(ブロッコリ), 이다리간란(イタリカンラン)이다.

학명은 *Brassica oleracea* var. *italica* 이다. 여기에 속명 '브라시카'는 켈트어의 양배추 이름 'bresic'에서 유래하였다. 종명 '올레라케아'는 채소를 의미하며, 이탈리아 양배추라는 변종명이 부가되었다.

비타민 C 함량이 양상추의 27배라는 브로콜리

브로콜리의 영양학적 가치에 대하여 곽정호 박사(국립원예특작과학원)의 발표 자료에 따르면 미국의 타임지가 10대 식품으로 선정(2002)하고, 영양학적으로 우수한 채소임과 동시에, 글루코시놀레이트류의 물질이 다량 포함되어 항균과 항암, 면역증강 등의 보건 기능적 측면으로도 대단히 우수한 채소이다. 각종 무기염류와 여러 아미노산, 비타민 역시 풍부하며, 현대인의 식탁에 빠져서는 안 되는 채소로 자리매김 하고 있다.

브로콜리에 함유된 비타민 C의 경우 100g당 98mg 으로 양상추의 27배, 아스파라거스의 13배, 감자의 7배, 양배추의 4배 정도로 녹색채소 중 가장 높고, 고혈압의 위험을 낮추는 칼륨도 100g당 370mg 정도로 많이 들어있다.

브로콜리에 함유된 설포라판, 인돌(indole) 성분은 항암작용이 있어, 브로콜리를 즐겨 먹게 되면 대장암, 위암, 폐암, 직장암, 유방암, 전립선 등 질병에 걸릴 위험이 낮아지고, 암 발생 억제효과가 있다는 것이다.

자연식생활연구회(2012)의 『동의보감 음식궁합』에 따르면, 브로콜리는 노화예방, 심장병 등을 비롯하여 특히 미국에서는 암을 이기는 최고의 항암식품으로 알려져 있다. 브로콜리에 있는 미로시네이스라는 효소는 항암물질을 만드는데 체내에서 설포라판이라는 물질로 분해된다. 이 설포라판이 폐암, 대장암, 유방암 등 예방에 뛰어난 효과가 있다. 브로콜리는 쇠고기 요리와 잘 어울리며, 맥주 안

강일동 텃밭에 자라는 브로콜리

브로콜리 (에쿠스, 아시아종묘)

주, 마른 새우와 볶아 먹어도 좋다.

브로콜리 전파 과정과 한국의 재배역사

　브로콜리는 원산지가 지중해 연안으로 수천 년 전부터 재배해 왔던 양배추, 케일, 콜리플라워 등 '브라시카 올레라시아' 계통의 형제 격 작물이다. 전파과정은 15세기 말에 그리스에서 이탈리아로 전파되고 17세기 초에 독일, 프랑스, 영국으로 전파되었다. 미국에는 19세기에 유럽에서 전파되었으며 1930년대부터 영양학적 가치가 알려지면서 중요한 채소로 되었다.

　우리나라 브로콜리 재배 역사는 한국원예학회(2013)의 『한국원예발달사』에 의하면 '1952년에 '드시코(De cicco)', '이탈리안 그린 스프라우팅' 등 품종이 시험 재배되었다. 1960년대 일부 농가에서 재배되었으나 그 규모는 매우 영세하였다. 1980년대 일부 농가에서 호텔 납품용으로 5ha 정도가 재배되었으며, 1990년대 까지도 재배면적은 크게 증가하지 못하였다.

　그러나 2002년 미국 시사주간지(타임)에서 '브로콜리'가 10대 건강식품으로 선정되고, 브로콜리 성분 중 설포라판(sulforaphane)이 암 발생 억제의 효과가 있으며, 섬유질과 비타민이 미용에 효과가 있다는 홍보로 수요가 급증하면서 재배면적도 매년 증가 추세를 보여 왔다. 그 결과 2011년 현재 1,737ha로 확장되어 2000년 대비 60배로 급성장 하였다. 따라서 우리나라의 브로콜리 재배역사

브로콜리 (녹세, 아시아종묘)

브로콜리 (아메로, 아시아종묘)

는 매우 짧다.

『농수산물유통공사 통계자료』에 따르면 브로콜리 재배지역 분포는 73% 정도가 제주도에 편중되어 있다. 제주산 브로콜리가 저온기에 생산되기 때문에 화뢰의 밀도가 높고, 화뢰 표면이 매끈하며 단맛이 강하고 상품성이 우수한 특징이 있기 때문으로 분석된다. 그러나 앞으로 강원, 충북 등 고랭지를 포함하여 전국의 텃밭에도 맛 좋은 브로콜리를 광범위하게 재배하여 건강식품의 수요 증가에 호응할 필요가 있다고 생각된다.

브로콜리 꽃 (이정명)

재배적 특성

브로콜리는 배추과 식물로 양배추에서 진화된 변종이다. 꽃봉오리가 녹색(또는 다른 색)으로 변하지 않

브로콜리 수확물

는 점과, 잎겨드랑이에서 나오는 꽃봉오리를 식용한다는 점이 콜리플라워와 다르다.

생육 적온은 18~20°C로 비교적 서늘한 기후를 좋아 한다. 더위와 추위에 견디는 힘이 비교적 강하지만, 25°C 이상의 고온이나 5°C 이하의 저온에서는 잘 자라지 않는다. 재배에 알맞은 토양은 토심이 깊고 보수력이 좋은 유기질이 풍부한 비옥한 땅이다. 토양산도는 pH 5.5~6.6 정도가 적당하며 강산성 토양에서는 생육이 저하된다.

식용으로 쓰이는 꽃봉오리(花球, curd)의 수확은 직경 10cm 정도이고, 무게 230g 정도가 적당하다. 브로콜리는 줄기와 잎에도 영양가와 식이섬유 함량이 높으므로 버리지 말고 즙을 내어 먹거나 어린잎은 쌈으로 먹는 것도 좋다.

순무

강화순무와 제갈량을 연상하는

Turnip

- 과명: 배추과
- 학명: *Brassica campestris* L. ssp. *rapa*
- 한자명: 蕪, 蕪菁, 扁蘿蔔, 諸葛菜
- 영명: turnip
- 일본명: カブ
- 원산지: 지중해 연안과 아시아의 아프가니스탄 등

순무

이름

순무의 어원은 '쉰무우'에서 '쉿무우'로 변하고, 다시 '쉿무'로 변하여 순무가 되었다. 한자명은 蕪, 蕪菁, 扁蘿蔔이라하고 蔓菁, 大頭菜라는 이름도 있다. 중국에서 순무를 가장 잘 이용한 사람이 제갈량(諸葛亮, 181~234)이라 하여 諸葛菜라고도 부른다. 영명은 turnip인데 둥근(turn) 모양에서 비롯되었다. 일본 이름은 가부(カブ)라고 한다.

학명은 *Brassica campestris* L.ssp. *rapa* 이다. 여기에서 속명 '브라시카'는 그리스어의 삶는다(brassa)와 켈트어의 양배추(bresic)에서 유래한다. 종명 캠패스트리스는 야생종을 뜻한다. 그리고 아종 '라파'는 그리스어(rapus)에서 비롯되었다.

강화순무와 영국해군 콜웰

순무는 무의 일종으로 생각되지만 식물학적으로는 오히려 배추에 가깝다. 우리나라에 순무가 재배된 역사는 고려시대에 기록된 『향약구급방(鄕藥救急方,

1236)』 등으로 미루어 1,000년 정도로 추정된다. 최근에는 '강화순무'가 많이 알려지고 있다. 강화지역에서만 재배되는 토종으로 각 농가에서 종자를 자가 채종하여 유지·보존하고 있어 뿌리 모양, 색깔, 잎 등의 형태가 다양하다.

이 순무는 강화지역에 오래전부터 재배되고 있던 재래종과, 1893년 영국에서 들어온 유럽계 순무가 서로 교잡되어 오늘날의 강화순무가 되었다. 강화순무는 나름대로 한국근대화에 따른 역사적 의미도 있다.

1884년 3월 8일 우리나라는 영국과 국제협력을 위한 통상조약을 체결하였다. 이무렵 고종임금은 근대적 해군 육성을 위하여 해군설치령(1893)을 제정하고, 영국 측에 훈련교관의 파견을 요청하였다.

한편 영국에서는 주한 총영사로 졸리(Henry B. Joly)가 부임하고, 그 후 1893년 10월 22일, 해군의 훈련교관으로 콜웰(W. H. Callwell) 대위 일행이 강화도 갑곶리에 도착하였다.

콜웰은 강화도에 정착하면서 사택주변에 영국에서 가져온 순무 종자를 심고 가꾸었다. 세월이 흐르면서 강화도에서는 재래의 토종으로 자라던 흰색 순무와 영국에서 들어온 보라색 순무가 서로 교잡하여 변종으로 오늘날의 독특한 '강화순무'가 탄생하였다.

순무 어린묘

순무 잎

순무의 효능과 제갈량

김영진 박사(2010)의 『농업 식품고전과 농정고사』에 의하면 6세기 가사협(賈思勰)의 '제민요술(齊民要術)'에 순무 재배법이 수록되었으며, 중국 역사상 순무를 가장 유효적절하게 이용한 사람으로 삼국시대 촉한의 재상이었던 제갈량(諸葛亮)이다.

제갈량은 군대가 이동하여 진을 치면 제일 먼저 하는 일이 군인들에게 순무를 심게 하는 일이었다. 병사들의 식품으로 제공하고자 함이었다. 그리하여 순무는 제갈채(諸葛菜)라는 별명을 얻게 되었다.

원(元)나라 왕정(王禎)의 『농서(農書, 1313)』에는 순무에 6가지 장점이 기록하였다. 예를들면

첫째, 순무는 싹이 나오면 어린 싹이라도 바로 먹을 수 있다.

둘째, 사람에 따라 그 잎을 따서 삶아 무쳐 먹을 수 있다.

셋째, 오래 두면 스스로 자란다.

넷째, 군대가 이동할 때 버리고 가도 아깝지 않다.

다섯째, 돌아와서 찾기 쉬워 다시 뜯어 먹을 수 있다.

여섯째, 겨울에도 그 뿌리를 먹을 수 있다.

순무의 효능에 관한 자료에 따르면 뿌리에 소화효소(아밀라아제)가 들어 있어 식욕을 촉진하고 위장기능을 좋게 한다. 비타민 C 등 성분은 골다공증과 변비 개

강일동 텃밭에서 수확한 순무

강화 순무

선 등에 도움을 준다. 순무의 매운맛을 내는 이소티오시아네이트(isothioc yanate) 등 성분은 간암 등의 암 예방에 도움을 준다. 순무를 먹으면 눈과 귀를 밝게 하는 효능도 있다. 순무김치는 배추꼬리의 달짝지근한 맛과, 인삼의 쌉싸래한 맛, 겨자의 특이한 향이 있다.

재배적 특성

순무는 배추과의 2년생 뿌리채소이다. 원산지는 지중해 연안의 남부 유럽과 아시아의 아프가니스탄 등이다.

수확된 순무

『농촌진흥청 자료』에 따르면 순무의 생육 적온은 15~20°C 정도이다. 재배에 알맞은 토양은 배수가 잘되는 사양토이다. 토양산도는 pH 5.5~7.5이며 비교적 산성토양에 강하다. 지나친 습도와 건조 상태에서는 산소와 수분의 부족으로 생육이 억제된다. 저장성은 뛰어나지만 단위 면적당 생산량이 무의 1/5 정도에 불과하여 경쟁력에서 무에 밀리고 있다.

순무의 재배에 관한 고전기록에는 홍만선(洪萬選, 1643~1715)이 인용한 『사시찬요(四時纂要)』에는 '순무를 심을 때에는 땅을 여러 번 갈고 처서(處暑, 8월 23일경)부터 백로(白露, 9월 8일경)때 까지 모두 심을 수 있는데, 일찍 심으면 뿌리가 크고 잎은 작으나, 늦게 심으면 잎만 크고 뿌리는 가늘다'고 기록되었다.

백색 순무 (아시아종묘)

순무는 건강식품과 구황식품으로 가장 오래 재배된 채소중의 하나이지만 점차 제자리를 잃어가고 있다. 이에 따라 최근에는 순무와 양배추의 교잡종으로 개발된 콜라비(kohlrabi)가 새롭게 등장하고 있다.

배추과식물 B

150 양배추　154 적환20일무　158 청경채
162 케일　　166 콜라비　　　170 콜리플라워

<벌보다 칭찬을 더해주라는 교훈>

Use more carrots than stick

— Steve Jobs —

채찍보다 당근을 더 주어라

출처: 스티브 잡스 어록중에서

(본문 p184 참조)

배우려는 사람은 부끄러워해서는 않된다.
인내력이 없는 사람은 스승이 될 수 없다.

<탈무드 중에서>

◀ 배추

세계 3대 장수식품의 하나 양배추

양배추

Cabbage

- 과명: 배추과
- 학명: *Brassica oleracea* L. var. *capitata*
- 한자명: 甘藍, 結球甘藍, 洋白菜
- 영명: cabbage, head cabbage
- 일본명: カンラン, キヤベツ, タマナ
- 원산지: 지중해 연안 등

이름

양배추 이름 어원은 서양에서 들어온 배추라는 뜻으로 양백채(洋白菜)에서 비롯되었다. 한자명은 甘藍, 結球甘藍, 洋白菜, 捲心菜, 包菜, 大頭菜 등이다. 영명은 'cabbage 또는 head cabbage' 라고 한다. 양배추의 생김새가 머리(head) 모양을 닮아 'heading cabbage'라고도 한다. 일본 이름은 한자명에서 비롯된 '간랑(カンラン), 영명에서 비롯된 기야베스(キヤベツ), 다마나(タマナ)라고 한다.

학명은 *Brassica oleracea* L. var. *capitata* 이다. 여기에서 속명 '브라시카'는 켈트어의 배추를 뜻하는 'bresic'에서 비롯되고 그리스어의 끓이다(brasso) 또는 요리하다(braxein)라는 의미가 있다. 종명 '올레라시아'는 재배되는 채소라는 뜻이 있으며, 변종명 '카피타타'는 양배추가 머리를 닮았다는 뜻으로 그 어원은 라틴어에서 유래하였다.

만능의 건강식품으로 생각한 양배추

고대 로마 사람들은 술을 마시기 전에 양배추를 먹었는데 이는 알코올 작용을 완화시킬 수 있다고 믿었기 때문이다. 서양에서는 예로부터 양배추를 비타민과 섬유질이 풍부한 건강식품으로 생각하였다. 고대 로마 시대에 양배추는 만능의 약으로 생각할 정도였다. 지금도 양배추는 올리브, 요구르트와 함께 세계 3대 장수식품으로 선정된 사례가 있다.

농촌진흥청 『국립원예특작과학원 자료』에 따르면 양배추의 잎에는 비타민 A와 비타민 C가 많으며, 혈액을 응고시키는 비타민 K와, 항궤양 성분인 비타민 U도 함유되어 위염, 위궤양 환자들의 치료에 도움을 주는 식품이다. 식물성 섬유질이 많아 변비를 없애주고, 산성체질을 바꾸는 데에도 효과적이다.

양배추의 영양학적 가치는 첫째, 항산화 작용이 있는 베타카로틴(beta-carotene) 색소와, 유전자의 손상을 방지하는 클로로필(chlorophyll) 색소 등 성분이 있어 암세포와 바이러스 퇴치의 효과가 탁월하다.

둘째, 점막을 보호하고 재생을 돕는 비타민 U와 출혈을 막아주는 비타민 K가 함유되어 위궤양, 십이지장궤양 예방에 효능이 있다.

셋째, 양배추는 디아스타제(diastase) 함량이 무보다 많고 펩신(pepsin) 효소 등이 풍부하여 위장장애를 일으키는 사람에게 좋다. 따라서 양배추는 건강식품으로 지금까지 알려진 어떤 식품보다도 뛰어나고 다양한 항암물질을 가지고 있으며, 정상세포가 암세포로 변하여 증식하는 것을 방지하는 효능이 있다.

양배추 (그린)

양배추 어린잎

양배추에 관한 고대 로마의 3가지 이야기

양배추가 건강식품이라고 전해오는 고대 로마의 대표적인 이야기 3가지가 있다. 예를 들면, 그리스의 유명한 수학자이며 철학자인 피타고라스(Pythagoras, BC 582~500)는 양배추를 즐겨 먹는 채식(菜食)주의자 였다. 그는 '양배추는 원기를 북돋아주고 마음을 침착하게 해주는 좋은 채소이다'라고 극찬하였다.

또한 고대 로마의 정치가와 문인인 가토(Marcus P. Cato, BC 234~149)는 양배추의 신봉자로 그의 저서 『농업(De agriculture)』에서 '양배추는 채소 중 으뜸이다. 날것으로 먹어도 좋고, 요리해서 먹어도 좋다. 생으로 먹을 때는 식초에 담갔다가 먹으면 놀라울 정도로 소화를 도우며, 이뇨작용을 촉진한다.'라고 기록하였다.

이밖에 로마의 유명한 장군 율리우스 시저(Julius Caesar, BC 100~44)는 자기의 군대가 이동할 때에 반드시 양배추를 가지고 다니게 하였다. 양배추는 식품의 기능뿐 아니라 약용으로도 쓰였기 때문이다.

양배추가 우리나라에 들어와 정착된 역사는 매우 짧다. 『농촌진흥청(박동금) 자료』에 따르면 1906년 원예모범장이 설립되면서 1907년 Succession 등 5개 품종이 도입되었고, 그 후 도입 품종들의 적응시험이 실시되었다. 이로 미루어 우리나라에는 양배추가 1900년대 초기에 들어온 것으로 해석할 수 있다.

우리나라에서 양배추가 본격적으로 재배되기 시작한 것은 1945년 8·15광복

양배추 조생종 (로얄, 아시아종묘)

양배추 수확물

이후 미군이 주둔하면서 샐러드 등 식품으로 군납용 계약재배가 이루어지면서 부터이다.

재배적 특성

양배추는 지중해 연안 등에서 기원전(BC)부터 재배된 배추과 식물이다. 양배추는 서늘한 기후를 좋아하며, 생육에 적당한 온도는 15~20°C 정도이다. 30°C 이상의 고온이 되면 병충해에 대한 저항력이 약해지고 생육에 장애요인이 발생한다. 내한성은 비교적 강하며 저온 생육 한계는 5°C 정도이다. 양배추는 해가 길어질 때 꽃이 피는 식물로 연작보다는 격년(隔年)으로 윤작하는 것이 좋다.

양배추는 유기물이 풍부하고 다소 습한 땅에서 잘 자라며, 토양산도는 중성토양이 적당하다.

양배추가 우리나라에 처음 들어 왔을 때에는 입맛에 맞지 않아 재배 규모가 영세하고 성행하지 못하였으나 현재는 대중화 식품으로 생산되고 있다.

우리 민족이 양배추를 즐겨 먹기 시작한 것은 1970년대 이후로 생각되며, 그 수요가 증가함에 따라 재배면적도 꾸준히 증가되어 이제는 양배추의 생산량이 연간 30만 톤 이상의 시대가 되었다.

양배추는 익혀먹기도 하지만 생으로 먹는 것도 좋다. 토마토, 감자, 포도, 오렌지, 샐러리 등과 함께 주스로 만들어 식용하면 맛과 영양을 더욱 좋게 할 수 있다. 양배추는 특히 저장이 잘되고, 김치를 담으면 빨리 숙성되는 특성이 있다.

양배추 (레드)

양배추 결구중

재배기간이 짧은 우주식량 적환20일무

Radish

- 과명: 배추과
- 학명: *Raphanus sativus* L.
- 한자명: 赤丸菜
- 영명: radish, radis
- 일본명: ニジュウニヂダイコン
- 원산지: 유럽

적환20일무

이름

적환20일무 이름은 뿌리의 껍질이 붉으며 동그랗게 생긴 채소라는 뜻과, 20일 정도에도 길러서 먹을 수 있다는 무라는 뜻으로 붙여진 이름이다. 보통 20일무라고 부르며, 적환무라고도 한다. 한자명은 赤丸菜 이다. 영명은 radish 또는 radis 라고 하며 뿌리를 뜻하는 라틴어 라딕스(radix)에서 유래하였다. 일본 이름은 20일무라는 뜻으로 니쥬니치다이공(ニジュウニヂダイコン) 이다.

학명은 *Raphanus sativus* L. var. *radicula*이다. 여기에서 속명 '라파누스'는 고대 그리스어 'raphanis'에 유래하는데 '빠르고(ra), 쉽게(rha), 생기다(phainomai)'라는 합성어로 '무가 빨리 쉽게 자란다'는 의미가 있다. 종명 '사티부스'는 재배된다는 뜻이 있다.

적환20일무의 영양 성분과 효능

무의 변종인 적환20일무에 들어있는 영양성분은 100g당 단백질 1.05g, 당류 3.51g, 섬유질 0.7g, 나트륨 17mg, 칼슘 34mg, 인 26.4mg 등이 함유되어 있다.

그리고 비타민 C의 함량은 29mg 들어 있다.

적환20일무의 효능에 대하여 『농촌진흥청 자료』에 따르면 전분을 분해하는 디아스타제 성분이 있어 소화를 촉진하며, 해독작용을 하여 고기를 구울 때나 생선구이를 할 때 발생하기 쉬운 발암성 물질을 제거할 수 있다. 숙취로 인한 경우에도 효능도 있다. 그리고 노화를 방지하고 암을 예방하는 성분으로 가장 각광 받고 있는 카로틴이 100g 당 2,600mg이나 함유되어 있다. 최근 모듬 쌈채로 식욕을 돋우게 하는데 쓰이고, 뿌리를 통째로 생으로 먹기에 좋은 채소로서 비타민 보급원 역할을 한다. 살이 연하고 아삭아삭하여 샐러드로 이용되며, 물김치에 조금 넣으면 전체적으로 붉은색이 은은하게 우러나와 더욱 즐길 수 있다.

래디시에 얽힌 이야기들

래디시로 불리는 적환20일무의 재배역사는 참으로 오래되었다. 기원전 2,800년 고대 이집트 무덤의 벽화에도 그려져 있다. 그러나 우리나라는 짧은 재배역사를 가지고 있다. 최근들어 수요가 증가되면서 새로운 텃밭식물로 자리매김 되고 있다. 이 식물은 장차 우주비행사의 식량원이 될 우주선 정원에 이상적인 작물로 검토된다는 이야기도 있다.

리베카 룹(2012)은 『당근 트로이 전쟁을 승리로 이끌다』에서 미국에는 유럽 이주민들에 의하여 래디시가 전파되었으며, 18세기말에 밭에서 10여 품종이 재

20일무 (체리원, 아시아종묘)

20일무 (아카챤, 아시아종묘)

배되었다고 하였다. 토머스 제퍼슨(1743~1826) 대통령은 그중 '코먼' 등 8품종을 샐러드 재료로 확보하고자 3월부터 2주마다 새로 파종하도록 하였다고 한다. 미국 식민지 개척자들은 작고 매운맛이 있으며 빨리 성숙하는 래디시를 모두 길렀다. 1888년 미국의 어느 종자회사에서는 '미국인들도 래디시의 진가를 알아보고 그것을 프랑스인들처럼 많이 이용하기 바란다'고 하면서 래디시는 아침, 점심, 저녁 하루 세 번 매우 먹음직스럽고 건강에 좋은 채소이다'라고 광고하였다. 이처럼 래디시 재배는 미국에서 상당히 오래 전부터 이미 대중화되어 있다.

  네덜란드 사람들의 아침 식사는 차 한 잔과 버터를 바른 빵과 래디시를 먹는 정도이며, 점심에는 고기와 순무 또는 양배추를 먹고, 저녁에는 옥수수, 치스 등을 먹는다. 저자도 1986년부터 새만금간척을 계획(조사사무소장)하면서 여러 차례 네덜란드에 출장하여 쥬다지(Zuider Zee) 지역을 비롯하여 여러 곳의 전문가들과 식사를 함께 한 일이 있다. 1988년 5월 5일에는 현지인(Mr. Zwanenberg)의 가정에 초대 되어 식사를 대접받은 일이 있었는데 차림상이 검소하였다. 한국은 일반적으로 손님 대접 식탁이 너무 화려하고 풍성하게 하는 경향이 있으므로 앞으로 건강에 도움 주는 간소한 손님상으로 개선할 필요가 있다.

적환20일무 새싹

모둠무 (아시아종묘)

재배적 특성

무의 한 변종인 적환20일무는 1년생 채소로 뿌리의 껍질 색깔이 빨간색 특징이 있다. 원산지는 유럽으로 알려져 있으며, 특히 서부유럽에 많이 분포되어 있고, 미국에도 널리 전파되어 재배되고 있다. 잎은 색이 진하고 털이 많으며, 잎이 뿌리에서 쉽게 떨어지지 않는다. 잎의 수가 적으며, 뿌리가 빨리 자라고 길이가 짧은 것도 특징이다.

생육의 적온은 15~20°C이며, 서늘한 기후를 좋아하지만 추위에 견디는 힘은 약한 편이다. 더위에 견디는 힘도 약한 편이어서 여름재배가 어렵다. 알맞은 토양은 배수가 잘되는 사질양토가 좋으며, 토양산도는 pH 5.5~6.8 정도로 산성에 다소 강한 땅에서도 비교적 잘 자란다.

반적환20일무 (아시아종묘)

재배 시기는 봄 재배는 4월에 파종하여 5~6월에 뿌리 직경이 3.5cm 정도로 자라면 수확한다. 가을재배는 8~9월에 파종하여 10~11월에 수확한다.

우리나라 육성 품종은 원예적 특성이 우수한 근피색이 분홍이며 저작감이 좋은 '핑크탑'을 비롯하여, 근피색이 선홍색이며 근피 두께가 얇은 '레드탑', 근피색이 보라색이며 초세가 강한 특성을 가진 '퍼플탑' 등이 있다. 수입종을 개량한 코메트(Comet), 체리원(Cherry one), 아카챤(Acachan) 등도 재배되고 있다.

미국의 Rebecca Rupp(2011)이 기록한 『How Carrots Won the Trojan War』에 따르면 적환20일무는 속성재배를 선호하는 이에게 최고의 선택 대상이다. 5일이면 싹을 틔우고, 3~4주 후에는 수확 할 수 있기 때문이다. 이 같은 특성은 장차 우주 비행사의 식량원이 될 '우주선정원(spacecraft gardens)'에도 적환20일무가 이상적으로 선택될 수 있는 사유가 된다.

식욕을 돋워주는 배추의 조상 청경채

청경채

Pak-choi

- 과명: 배추과
- 학명: *Brassica campestris* L. ssp. *chinensis*
- 한자명: 小白菜, 体菜, 靑莖菜, 靑菜
- 영명: pak-choi
- 일본명: チンゲンサイ, タイサイ
- 원산지: 중국

이름

청경채는 중국에서 일본으로 전해지면서 크기가 작은 배추로서 잎줄기가 청색인 것은 청경채(靑莖菜), 백색인 것은 백경채(白莖菜)라고 부른 데에 유래하였다. 따라서 청경채와 백경채는 다만 잎줄기의 색깔만 다를 뿐이다. 우리나라는 아직 고유명이 없어 영명의 '팍초이' 또는 일명의 청경채 이름을 인용하고 있다.

한자명은 小白菜, 体菜, 靑莖菜, 靑菜 등이 있다. 영명은 'pak-choi'이며 중국(광동)어 백채(白菜)라는 발음에서 비롯되었다. 일본 이름은 청경채라는 뜻의 젠겐사이(チンゲンサイ), 체채(体菜)라는 뜻의 다이사이(タイサイ)이다. 일본 정부(농림수산성)가 중국에서 도입할 때 청색줄기는 청경채, 백색줄기는 박초이라고 부르게 되었다.

학명은 *Brassica campestris* L. ssp. *chinensis*. 이다. 여기에서 속명 '부라시카'는 켈트어의 양배추라는 뜻의 bresic에서 유래하였다. 종명 '캠패스트리스'는 야생종이라는 뜻이 있으며, 아종명 '차이넨시스'는 원산지가 중국이라는 뜻에서 유래되었다.

식욕을 돋워주는 청경채의 효능

청경채는 중국 배추의 한 종류로 배추의 조상이라고 알려져 있다. 중국 채소이지만 일본에서도 정착한 채소이며 현재는 세계적으로 보급되어 있다. 잎을 한 장씩 떼어내거나 포기 밑에서 부터 위를 향하여 열십자로 갈라 이용한다. 육류와 같이 요리하면 영양과 맛에서 식욕을 돋우는 건강식품이 된다.

우리나라에는 1990년대 중반부터 많이 먹기 시작하였으며, 모양이 아담하고 잎줄기가 부드러워 신선한 것을 생으로도 먹는다. 식탁위에 세워 놓을 수 있을 정도로 생겼다. 다채(비타민채)와 유사한 잎채소로 재배가 용이하여 텃밭식물로 재배하기에 적합하다.

청경채의 효능과 영양학적 가치에 대하여 『국립원예특작과학원 자료』와 박권우 교수(2009)의 『기능성 채소』 등에 따르면 첫째, 비타민 A의 효력을 가진 카로틴이 듬뿍 들어 있어 면역체계를 향상시킨다. 둘째, 비타민 C와 인 함량이 풍부하여 자주 먹으면 피부미용에 도움을 준다. 셋째, 칼슘 성분은 치아와 골격의 발육에 도움을 준다. 넷째, 신진대사 기능을 촉진시켜 체내의 세포조직을 강하게 해 준다. 다섯째, 청경채를 녹즙으로 먹으면 위의 기능을 도와주는 작용을 한다. 이밖에 변비해소에도 도움을 준다고 한다. 최근에 각광을 받는 글루코시놀레이트(glucosinolate) 함량도 상당히 높다.

청경채 잎

다청채

텃밭 재배의 즐거움과 강일동 텃밭

우리는 자연 속에서 살아가기를 희망하지만 서울과 같은 도시에서 막상 이 같은 삶은 쉽지 않다.

그러나 자연에 접근 하는 방법 중의 하나로 여가를 활용하며 텃밭 식물을 재배하는 것은 대단히 효과적이다. 가족이나 동호인들이 함께 대화를 나누면서 씨를 뿌리고 관리하며 수확하는 일은 즐겁고 보람이 있으며 행복하다. 텃밭을 가꾸면서 보내는 시간은 건강의 유지와 증진 뿐 아니라 정서의 순화에도 크게 도움이 된다.

저자는 전국농업기술자협회(윤천영 회장) 배려로 2013년 강일동 텃밭에서 한춘연, 권태웅, 박상은 씨와 공동으로 텃밭 재배 활동을 경험하면서 즐거운 시간을 보낼 수 있었다.

텃밭에서 생산되는 채소 등은 어느 것과도 비교할 수 없는 깨끗하고 신선한 건강식품이었다. 품종별로 독특한 맛과 향을 지녀 식탁에서 입맛을 돋울 수 있고 즐거움을 더해 주었다. 채소에 풍부하게 들어있는 무기질 성분과 비타민 등은 우리의 건강을 지켜주는 길잡이가 되었다.

우리의 삶에 정서를 순화하고 자연이 주는 고마움과 소중함도 거듭 깨닫게 되었다. 전자산업 등이 중요하고 경제적 부를 창출할 수 있지만, 우리 몸의 건강을 위한 식생활에는 도움을 주지 못한다. 우리는 채소를 먹어야하지만 전자부품은

강일동 텃밭에 자라는 청경채

흑청채 (아시아종묘)

영양가도 없고 소화할 수도 없다.

역사적으로 텃밭가꾸기는 외로운 삶을 극복하는 수단이기도 하였다. 즉, 조선시대 병자호란으로 볼모로 청나라에 잡혀갔던 인조(仁祖)의 아들 소현세자(1612~1645)와 봉림대군(孝宗, 1619~1659)이 중국의 심양에 머물면서 야판전(野坂田)이라는 텃밭에서 채소를 가꾸며 소일한 사례는 외로움을 달랜 방법의 하나였다.

레드쵸이 (아시아종묘)

재배적 특성

청경채는 배추과에 속하는 1년생 초본식물로 원산지는 중국이며 일본에서 개발한 채소이다. 모양은 위로 자라고 중앙의 맥은 넓고 두껍다. 잎은 둥그스름하고 연록색이며 아랫부분이 비대하여 단단하고 잎의 위는 열려 있다. 열을 가하면 녹색이 한층 선명해지고, 조리해도 분량이 거의 변하지 않는다. 우리나라에서는 주로 쌈, 샐러드, 국거리 등으로 이용한다.

화이트 (아시아종묘)

청경채의 생육적온은 15~25°C 정도이며 서늘한 기후에서 잘 자라지만 내서성도 강하다. 재배에 알맞은 토양은 유기물이 풍부한 사질양토로, 통풍이 잘되고 햇볕이 잘 드는 배수가 양호한 곳이 좋다. 적정한 토양산도는 pH 6.5~7.0 정도이다.

재배시기는 봄 재배의 경우 4~5월 파종(아주심기)하여 6~7월 수확한다. 가을 재배는 8~9월에 파종(아주심기)하여 11월에 수확한다. 텃밭 재배의 경우 도시에서는 모종을 구입하여 심는 것도 편리하다.

양배추류 조상으로 녹즙과 쌈채소로 좋은 케일

Kale

- 과명: 배추과
- 학명: *Brassica oleracea* L var. *acephala*
- 한자명: 綠菜甘藍
- 영명: kale, collard, curly greens
- 일본명: ケール
- 원산지: 지중해 연안, 유럽 서남부

케일

이름

　케일의 이름은 외래어에서 유래하였으며 양배추 야생종에서 개량된 가장 오래된 양배추류 변종으로 잎이 발달한 채소이다. 한자명은 녹색 채소로 단맛이 나는 양배추라는 뜻으로 綠菜甘藍라고 한다. 영명은 kale, collard, curly greens이다. 잎이 오글거리는 것은 케일, 잎이 평활한 것은 콜라드라고 부르기도 한다. 일본 이름은 영명에서 비롯된 게루(ケール)이다.

　학명은 *Brassica oleracea* L var. *acephala* 이다. 여기에서 속명 '브라시카'는 켈트어의 배추를 뜻하는 bresic에서 비롯되거나, 그리스어의 요리하다 (braxein) 또는 끓이다(brasso)에서 유래하였다. 종명 '올레라시아'는 재배되는 채소라는 뜻이 있다. 변종명 아세팔라는 결구(結球)가 되지 않는다는 뜻이 있다.

케일의 영양 성분과 효능

　케일의 영양 성분에 대하여 『두산백과사전』에는 생채중량 100g 당 단백질 4.6g, 당질 1.6g, 인 69mg, 나트륨 65mg, 칼륨 380mg 등이 함유되어 있는 것으로 기록되어 있다. 비타민 A는 9,094 i.u 비타민 B_2는 0.22mg, 비타민 C는 83mg 등이 들어 있다.

케일의 효능에 대하여 홍규현 교수(2010)의 『채소 기르기』에 따르면 케일은 비타민과 무기질이 풍부한 장수식품이며 섬유질이 많아서 장의 유해물질의 배설을 촉진하여 정장작용을 하고 비타민 C는 간의 기능을 높여 해독을 촉진시키며, 칼로리를 적게 함유하면서 포만감을 주는 식품으로 비만 예방에 아주 효과적이고, 케일 잎을 깨끗이 씻어 사과와 함께 즙을 내어 마시면 알레르기 체질개선에도 좋다..

한편, 박권우 교수(2002)의 『모듬 쌈채』에 의하면 케일은 녹즙으로 널리 사용되고 있으며 신경통에 효과가 있다. 유해물질 배설을 촉진하는 정장작용이 있고, 비타민 C는 간장의 기능을 높여 해독 촉진하며, 혈중 콜레스테롤을 저하시켜 주고, 당치를 정상으로 되돌리는 작용을 한다.

이명법(二名法)의 식물 분류 방법과 린네 이야기

배추과 식물의 케일은 콜라비를 비롯한 브로콜리, 양배추, 콜리플라워 등 양배추류 변종의 조상이라 할 수 있다. 이들 식물은 모두가 린네(Carolus Linnaeus, 1707~1778)에 의하여 분류되고 학명이 명명(命名)되었다. 린네는 8,000가지 식물의 학명과 4,162종의 동물을 관찰하고 분류해 놓으므로 오늘날 생물분류학

케일 (슈퍼맛짱, 아시아종묘)

케일 (장수콜라드, 아시아종묘)

린네 (1707~1778)

의 아버지로 존경받고 있다.

린네는 스웨덴의 작은 마을(라슐트)에서 목사의 아들로 출생하여, 과학자로서 재능을 보이며 스웨덴 웁살라 대학에서 공부하였다. 1729년 식물의 번식에 관한 관찰을 정리하여 최초의 책을 집필하였으며, 1732년 네덜란드에서 의학박사 학위를 받고, 1742년 스웨덴에서 식물학교수 겸 의학교수가 된 이래 180권의 책을 저술하였다. 그는 스웨덴 화폐의 초상으로 기념할 정도로 스웨덴의 자랑스러운 인물이며 생물학 역사상 위대한 인물이 되었다.

린네가 창안해 낸 학명의 이명법(二名法)은 매우 간단하면서 뛰어난 것이었다. 예를 들면

'케일'의 첫 이름 브라시카는 속명(屬名, *genus*)을 나타내고, 다음 올레라시아는 종명(種名, *species*)을 나타낸다. 그 뒤에 학명을 지은 명명자 린네의 이름을 붙인다.

학명은 라틴어 표기를 원칙으로 하였으며, 속명의 첫 글자는 항상 대문자로 쓰고, 전체는 반드시 이탤릭체로 표기하도록 하였다. 이 방법은 전 세계가 공통적으로 사용하고 있다. 린네는 종(種)이란 변하지 않고 고정되어 있다고 전제

케일 재배전경

강일동에 자라는 케일

하였다.

그러나 경우에 따라 이명법 다음에 품종 또는 변종(變種, variety)에 약자로 var. 아종(sub-species, 亞種)에는 ssp. 등으로 표기한다.

재배적 특성

케일은 배추과의 2년생 식물로 양배추의 원조 격이며, 양배추와 유사한 특성을 지니고 있다. 브로콜리, 콜리플라워 등도 케일을 개량하여 육성한 변종이다. 이들의 원산지는 지중해 연안이다. 케일을 이용하는 부위는 주로 잎을 떼어 녹즙이나 쌈채소 또는 샐러드로 이용되고 있으며 서양에서 들어온 불로초라는 별명이 있다.

케일 어린잎

케일의 생육 적온은 15~25°C 정도로 서늘한 기후를 좋아한다. 생육한계 온도는 5°C의 저온과 35°C의 고온에도 견디는 내한성과 내서성이 강한 식물이다.

재배에 알맞은 토양은 토심이 깊고 유기물이 풍부하며 보수력이 좋은 양토 또는 사질양토이고, 토양 산도는 pH 6.0 정도의 약산성토양을 선호한다.

파종 15일 후

재배시기는 봄 재배의 경우 3~4월 파종(아주심기)하여 6월 이후부터 수확하고, 가을 재배는 8~9월에 파종(아주심기)하여 10~11월에 수확한다.

재배품종은『아시아종묘』자료에 녹즙과 쌈용으로 좋은 '맛짱', '슈퍼맛짱'을 비롯하여, 쌈용으로 좋은 '장수콜라드' 등이 소개되고 있다.

양배추와 순무가 교배되어 탄생한 콜라비

Kohlrabi

- 과명: 배추과
- 학명: *Brassica oleracea* L var. *gongylodes*
- 한자명: 球莖甘藍, 結頭菜, 蕪甘藍
- 영명: kohlrabi, kale turnip
- 일본명: コールラビ, カブカンラン
- 원산지: 지중해 연안 및 북유럽 해안지방

콜라비

이름

콜라비의 우리말 이름은 순무와 양배추가 교배되어 탄생한 변종이라 하여 '순무양배추'라고 한다. 또 줄기가 순무처럼 둥글게 자라는 양배추라는 뜻으로 '양배추순무'라고도 한다. 한자명은 줄기가 둥글고 단맛이 나는 양배추라는 뜻으로 球莖甘藍이라고 한다. 結頭菜, 蕪甘藍 등의 이름도 있다. 영명은 독일어에서 양배추라는 뜻의 'kohl'과 순무라는 뜻의 'rabi'가 합성되어 kohlrabi라는 이름이 유래되었다. kale turnip 이라고도 한다. 일본 이름은 영명에서 비롯되어 고루라비(コールラビ) 또는 순무양배추라는 뜻으로 가부간란(カブカンラン)이라고 한다.

학명은 *Brassica oleracea* L. var. *gongylodes* 이다. 여기에서 속명 '브라시카'는 켈트어의 배추를 뜻하는 bresic에서 비롯되며 그리스어의 요리하다(braxein) 또는 끓이다(brasso)에서 유래하였다. 종명 '올레라시아'는 재배되는 채소라는 뜻이 있다.

콜라비의 영양적 가치와 효능

콜라비의 영양적 가치와 효능에 대하여 박권우 교수(2002)의 『모듬 쌈채』에 따르면 한참 자라는 어린이들에게 골격을 강화시키고, 치아를 튼튼하게 형성하는데 좋은 채소이다. 콜라비, 셀러리, 당근 등과 함께 혼합녹즙을 만들어 마시면 많은 양의 칼슘을 섭취하는데, 알칼리성이 많은 즙이므로 위산을 중화시켜서 위산과다증을 치료할 수 있다.

또 다른 자료에는 섬유질이 풍부하여 변비 치료에 효과가 있으며, 여성의 다이어트 식품으로도 좋다. 비타민 성분은 혈압을 낮춰주는 효능과 피부미용, 노화방지, 당뇨 등에도 효능이 있다고 하였다. 콜라비의 이용에 대하여 잎줄기는 순무와 양배추를 합한 맛을 내기 때문에 생것은 썰어서 먹기도 하고, 잎은 떼어 쌈으로도 먹는다. 그러나 영국에서는 별로 좋아하지 않는 채소로 가축사료로도 쓰였다.

콜라비 재배 과정과 양배추류의 5대 변종

콜라비의 국내 재배 과정에 대하여 박권우 교수(2009)는 『기능성 채소』에서 우리나라에서는 1980년대 초반부터 고려대 채소연구실 및 몇몇 특수채소 재배 농가들이 호텔 외식부나 외국인 레스토랑에 납품하고자 소규모로 재배하였다. 본격적인 기업적 재배는 1996년경으로 이태리, 독일의 품종들이 시험 재배되어

콜라비 (녹색, 이정명)

콜라비의 텃밭

적응성 검정이 끝나자 1997년경부터 폭 넓게 재배되기 시작하였다. 이때에는 줄기 비대 부분을 식용으로 하고자 재배하기보다 오히려 잎을 떼어내어 쌈 또는 샐러드채로 이용하고자 재배되었기 때문에 둥근 비대줄기는 보기가 어려웠다. 잎이 나오면 한두 잎만 남기고 무조건 떼어내 잎을 수확하였기 때문이었다.

그 후 둥근 비대줄기 생산은 1998년 초가을부터였는데 제주도의 김규수씨에 의하여 재배 생산되어 겨울부터 초봄까지 노지에서 비대시켜 가락동 농산물 시장에 납품되어 쌈밥집 후식으로 소비자들에게 선보이게 되었다.

콜라비를 비롯한 양배추류 중 현재 우리나라에 재배 중인 생태적 특성이 유사한 5대 양배추류(변종)는 다음과 같다.

- 콜라비(kohlrabi): 비대된 줄기를 주로 식용한다. 어린이들에게 골격을 강화하고, 치아를 튼튼하게 한다. 섬유질이 풍부하여 다이어트 식품으로 좋다.
- 양배추(cabbage): 잎이 두껍고 결구하는 특성이 있으며 가장 많이 식용한다. 고대 로마에서는 만능의 약으로 생각할 정도로 채소중의 으뜸으로 생각하였다.
- 케일(kale): 잎이 꼬불꼬불하고 결구되지 않으며 원종에 가장 가깝다. 불로초라고도 하며 녹즙으로 가장 많이 이용한다.
- 브로콜리(broccoli): 녹색 꽃봉오리를 식용하여 녹색꽃양배추라고도 한다. 비타민 C 함량이 풍부하고 항균 항암작용으로 암 발생 억제 효과가 있다.

콜라비 재배전경

콜라비 잎

- 콜리플라워(cauliflower): 주로 백색인 꽃봉오리를 식용하여 꽃양배추라고 한다. 소화를 촉진하고 유해물질의 배설을 촉진하며 정장작용에 효능이 있다.

재배적 특성

콜라비는 배추과의 2년생 식물로 지중해 연안 및 북유럽 해안지방이 원산지이다. 양배추와 순무를 교배시켜 탄생된 변종으로, 비대 된 줄기를 주로 식용한다. 줄기가 특이하게 비대한 구경(球莖)으로 비행접시와 비슷한 오묘한 모양을 하고 있어 유럽에서 인기가 높다.

콜라비 (자색)

콜라비의 생육 적온은 18~25°C이며, 최적온도는 22°C 정도이다. 재배에 알맞은 토양은 특별히 제한되지는 않으나 토심이 깊고 비옥하며 유기물이 풍부하고 적당한 수분이 있는 양토 또는 사질양토가 적합하다. 토양 산도는 pH 6.0~6.8 정도이다. 텃밭에서 일반적으로 재배하는 품종에는 비대부위가 녹색인 것과 적자색인 것 등이 있다. 이용하는 부분은 잎을 떼어 먹기도 하지만 줄기가 비대 되어 둥근 모양을 한 비대줄기를 잘라서 먹는다.

콜라비와 계량계 (이정명)

브로콜리처럼 꽃봉오리를 식용하는 콜리플라워

Cauliflower

- 과명: 배추과
- 학명: *Brassica oleracea* L. var. *botrytis*
- 한자명: 花椰菜, 花菜, 菜花, 花捲心菜
- 영명: cauliflower
- 일본명: カリフラワ, ハナヤサイ
- 원산지: 지중해 연안, 유럽 서남부

콜리플라워 (화이트크라운)

이름 콜리플라워 이름은 영명에서 비롯되었으며 우리말 이름은 '꽃양배추'라고 한다. 브로콜리(녹색꽃양배추)처럼 꽃봉오리를 식용하는 양배추류 변종 중의 하나이다. 한자명은 花椰菜, 花菜, 菜花, 花捲心菜라고 한다. 영명은 cauliflower 이며, 라틴어에서 양배추 줄기라는 뜻의 'caulis'와 꽃이라는 말의 'flos'에서 유래하였다고 한다. 일본 이름은 영명을 인용하여 가리후라와(カリフラワー) 또는 꽃 채소라는 뜻으로 하나야사이(ハナヤサイ)이다.

학명은 *Brassica oleracea* L var. *botrytis* 이다. 여기에서 속명 '브라시카'는 켈트어의 배추를 뜻하는 bresic에서 비롯되거나, 그리스어의 요리하다(braxein) 또는 끓이다(brasso)에서 유래하였다고 한다. 종명 '올레라시아'는 재배되는 채소라는 뜻이 있다. 변종명 '보트리티스'는 그리스어로 포도알 같다는 뜻이다.

영양학적 성분과 효능

콜리플라워의 영양학적 성분에 대하여 박권우 교수(2009)의 『기능성 채소』에 의하면 미국 농무성자료를 인용하여, 생체 100g당 칼슘 135mg, 칼륨 447mg, 나트륨 43mg 등 미네랄 성분이 풍부하고, 엽산 29.3mg, 카로틴, 비타민 C 등도 다량 함유되어 있다. 특히 비타민 C는 120mg 이나 함유되어 엽채류(葉菜類) 가운데 가장 많이 들어있다.

건강식품으로서의 효능은 소화를 촉진하고 유해물질의 배설을 촉진하며, 정장작용을 하는 것으로 널리 알려져 있다. 특히 비타민 C는 간장의 기능을 활성화시켜 주고, 몸 안의 해독작용을 돕는다.

콜리플라워의 먹는 방법에 대하여는 다량의 섭취보다는 다른 쌈채와 함께 모듬으로 소량을 섭취하는 것이 바람직하다. 특히 샐러드로 먹을 경우 대부분의 샐러드 채소가 녹색이기 때문에 흰색 등이 조화를 이루어 시각적 효과도 있다.

이밖에 새뮤엘 존슨(Samuel Johnson)은 '나는 정원의 온갖 채소 중에 콜리플라워를 가장 좋아한다' 고 하였다. 프랑스에서는 콜리플라워를 흔히 수프에 넣어 먹었는데, 왕실에서 먹은 매력적인 크림수프인 '크림 뒤바리' 는 루이 15세가 명명하였다.

서명자 교수(1998)는 효능에 대하여 『약이 되는 즐은 먹거리』에서 항암채소로서 많은 관심을 받고 있으며, 특히 결장암, 직장암, 위암, 유방암, 전립선암, 방광암 등의 위험을 감소시킨다고 하였다. 과학자들은 콜리플라워가 함유하고 있는 성분 중 인돌(indol) 화합물 등이 방어력을 높이거나, 발암성 물질의 세포를

콜리플라워 어린잎

강일동 텃밭에 자라는 콜리플라워

공격하여 암조직으로 자라지 못하도록 작용한다고 추정하였다.

콜리플라워 전파경로와 우리나라의 재배과정

콜리플라워의 전파경로에 대하여 이정명 교수(2013) 외『채소학 각론』에 의하면 원산지는 지중해 인근 지역이다. 야생의 양배추 변종으로 현재와 같은 품종은 16세기부터 재배되었으며 이탈리아와 프랑스의 지중해 연안의 온난지에서 발달하여 유럽의 중부와 북부로 전파되었다. 덴마크와 미국에는 19세기 초에 재배되었다. 동남아시아에는 19세기 중반에, 우리나라에서는 1970년대 말부터 본격적으로 재배되었으며, 대부분의 종자는 일본 등지에서 수입하였으나, 최근 국내 종묘회사에서도 품종육성에 힘을 기울이고 있다. 특히 2천 년대 이후 채소의 소비량이 웰빙(wellbeing)을 추구하는 경향과 맞물려 브로콜리와 더불어 그 수요와 재배가 크게 늘어나고 있다.

한편 우리나라의 재배역사에 대하여 박권우 교수(2009)는『기능성 채소』에서 최초의 재배자는 1996년 7월에 시험 파종한 공주시 사곡면 엔젤농장 안승환으로 생각된다. 물론 화훼 재배자들은 수십 년 전부터 정원이나 화단에 심기위해 조경업자에게 납품해 왔다. 그러나 본격적인 기업적 재배는 공주 안승환씨가 1997년 재배면적을 늘려가면서 부터라고 주장하였다. 이밖에 두산백과에는 1926~1930년 사이에 우리나라에 도입되었다는 기록도 있다.

콜리플라워 (자운, 아시아종묘)

콜리플라워의 식물체

재배적 특성

콜리플라워는 양배추류에 속하며 지중해 연안에서 야생하는 양배추에서 변이된 것으로 브로콜리의 속명과 종명이 같다. 다만 변종명이 달라 이들은 4촌 형제지간이라 할 수 있다. 브로콜리는 녹색꽃봉오리를 식용으로 하는 반면, 콜리플라워는 식용 꽃봉오리(curd, 花蕾, 꽃눈 덩어리)가 크게 분화하지 않고 굳어져서 빽빽한 송이가 되어있는 흰색이나 크림색 등의 꽃봉오리를 식용한다. 꽃봉오리 주위 잎은 바깥 잎과 달리 결구하듯이 안쪽으로 구부러지는 특성이 있다.

콜리플라워 (금강산, 아시아종묘)

생육 적온은 10~25°C 정도이며, 호냉성 채소이다. 4°C 이하나 35°C 이상에서는 생육이 억제된다. 재배에 알맞은 토양은 토심이 깊고 유기물이 풍부하며 배수가 잘되는 양토 또는 사질양토이다. 토양산도는 pH 5.5~6.5 정도이며, 강산성은 싫어한다.

재배시기는 보통 7~8월에 파종(아주심기)하여 10~11월에 수확한다. 재배되는 품종은 백색계열의 재배가 용이한 다수확 품종 'White'를 비롯하여, 순백색으로 꽃봉오리가 단단한 '세락', 꽃봉오리의 백색이 우수한 'White Crown' 품종 등이 있다.

김광식(2006)의 『가정원예』에 따르면 콜리플라워의 특성은 회록색인 잎이 양배추보다 길며 더 오글거린다. 줄기의 끝에 백색(다소 노란색이 섞인) 또는 보라색의 단단한 꽃봉오리를 착생한다. 그리고 꽃봉오리 주위는 결구하듯이 안쪽으로 구부러지는 특징이 있다.

제4장
미나리과 · 백합과 · 꿀풀과 식물 이야기

178 · 약용식물을 쌈채소로 재배하는 **당귀**
182 · 카로틴 성분이 풍부한 황색식품 **당근**
186 · 독특한 향미와 해독성이 있는 **미나리**
190 · 스태미나를 증진시키는 정력식품 **셀러리**
194 · 오늘 잎을 잘라도 내일 또 잘라내는 **신선초**
198 · 서양요리 3대 기초식품의 하나 **파슬리**
204 · 미국 타임지가 선정한 세계 1위 건강식품 **마늘**
208 · 남녀의 정을 오래 지속시킬 수 있다는 **부추**
212 · 유황성분과 식이섬유가 풍부한 **삼채**
216 · 세계의 위인들도 즐겨 먹은 **양파**
220 · 약리적 효능을 지닌 산성식품 **파**
224 · 유료(油料)작물에서 쌈 채소가 된 **잎들깨**

미나리과식물

178 당귀   182 당근   186 미나리
190 셀러리 194 신선초 198 파슬리

<매사에 정성을 다하는 마음>

聊以表獻芹之誠

祝瑞菴申昊哲雅兄出版記念
南江宋河澈書

(료이 표헌근지성)
— 조선왕조 실록 중에서 —

미나리를 바치는 것과 같은 정성을 표합니다.
(본문 p.188 참조)

출처 : 세종실록, 1428. 12. 21
글씨 : 南江 宋河澈

◀ 당근과 셀러리

약용식물을 쌈채소로 재배하는 당귀

Korean Angelica

- 과명: 미나리과
- 학명: *Angelica gigas* Nakai
- 한자명: 當歸, 土當歸, 日當歸
- 영명: Korean angelica
- 일본명: トウキ, ニポントウキ
- 원산지: 아시아의 중국, 한국, 일본 등

당귀

이름

당귀 이름은 약재로서 효능이 뛰어나 이것을 먹으면 집을 떠난 남편도 '마땅히 돌아온다'는 뜻이 담긴 이름이다. 보통 한국 원산의 참당귀를 토당귀(土當歸)라하고, 일본당귀는 왜당귀 또는 일당귀라고 한다.

한자명은 깊은 산속 스님의 암자에서 자라는 풀이라 하여 승암초(僧庵草)라 한다. 약재명으로는 乾歸, 大芹, 辛甘菜 등이 있다. 영명은 Korean angelica이다. 일본 이름은 당귀라는 뜻의 도우기(トウキ) 또는 일본 당귀라는 뜻으로 니혼도우기(ニポントウキ) 라고 한다.

학명은 *Angelica gigas* Nakai 이다. 여기에서 속명 '엔젤리카'는 라틴어에서 유래하며 천사와 같은 이라는 뜻이 있다. 종명 '기가스'는 참당귀를 의미한다. 그리고 일본당귀(*A. acutioba*)와 중국당귀(*A. sinensis*)로 분류하는 경우도 있다.

약리적 효능과 쌈채소의 재배 과정

당귀의 약리적 효능에 대하여 이풍원 박사(2011)의 『이야기 본초강목』에 따르면, 당귀를 먹으면 혈관 확장을 하여 혈압을 내려가게 하며, 진통작용을 한다. 관상동맥을 확장하여 혈류량을 증가시키고, 심장과 혈관을 확장시킨다. 면역기능을 높이고, 자궁조직을 증생하는 작용을 하고 항균, 항염, 조혈작용을 한다. 또 당귀는 보혈작용을 하고, 월경불순을 치료하며, 통증을 멎게 해주고, 활장(滑腸)작용이 있어 변비에 좋다.

『동의보감』에서는 당귀는 여성의 생리불순에 조혈 기능을 도와주고, 혈액 순환을 좋게 한다'고 하였다. 성질이 따뜻하고 맛은 달고 매우며 독이 없다(性溫味甘辛無毒治) 하여 신감채(辛甘菜)라고도 한다. 이처럼 당귀의 뿌리는 한방에서 빈혈, 강장, 통경, 부인병 등에 쓰이고 있다.

그런데 최근에는 새로 돋아나는 당귀의 어린잎이 향긋하고 씹히는 맛이 좋아 쌈채소로 이용되기 시작하였다. 특히 일당귀는 국내산 허브를 찾던 중 잎이 부드러우며 연한 잎줄기가 붉은색을 띠고, 먹음직스러워 쌈채소로서 새롭게 등장하게 되었다.

이 부분에 대하여 박권우 교수(2009)의 『기능성 채소』에 따르면 쌈용 채소 목적으로 재배된 것은 불과 몇 년 전쯤으로 생각된다. 1996년 남양주시 이장수 등에 의하여 시도되었고, 1998년 성남시 조철희, 송파구 서석규 등에 의하여 재배

당귀 어린묘

당귀 잎

면적이 늘어나게 되었다.

부부관계를 좋게 한 당귀 이야기

옛날 어느 마을의 중년부인은 자궁이 냉해져서 부부관계가 원만하지 못하였다. 성적 불만을 느낀 남편이 외도를 시작하자 부인은 고민에 빠졌다. 이 무렵 꿈을 꾸었는데 신령이 나타나 뒷산 계곡에 가면 '살찌고 윤택한 풀이 있을 터이니 그것을 뽑아다 달여 먹어라' 라고 하였다. 부인은 꿈속에서 신령이 시킨대로 하였더니 과연 원기가 회복되고 자궁도 따뜻해 졌다.

그 후 외도에 실증을 느낀 남편이 어느 날 잠간 집으로 돌아와 부인과 잠자리를 함께하였는데 성적 능력이 전과 다르게 놀랍게 향상되어 있었다. 그 뒤부터 남편은 외도를 청산하고 부인과 오래 화목하게 잘 살았다는 전설적인 당귀(當歸)의 이야기이다.

한편 당귀는 역사적으로 중국과 우리나라에서 귀한 약재로 취급되었다. 『조선왕조실록(太宗 6년, 1406. 12. 22)』에 따르면 명나라 황제는 1406년 조선에서 동불(銅佛)을 받은 답례로 당귀를 포함한 18종의 약재를 왕실에 보내왔다.

세종임금 때에는 전의감(典醫監)이 당귀 채취 방법에 대하여 '강원도 영월에서 나는 당귀는 서리를 한두 차례 맞은 뒤에 흙을 씻지 말고 그대로 수확하여 상납하도록 하라는 내용이 『조선왕조실록(世宗 16년, 1434. 1. 30)』에 다음과 같

강잉동 텃밭의 당귀

잎당귀

이 기록되어 있다.

– *寧越當歸經霜度後 親監採取帶土上納* –
(영월당귀경상도후 친감채취대토상납)

또 연산군 때에는 강원도에 당귀 뿌리 30석을 왕실에 상납하도록 명령한 기록이 있다(燕山 6년, 1500. 1. 20). 이 같은 역사적 기록은 당귀가 귀한 약재로 쓰였다는 것을 의미하며, 우리나라의 주산지는 강원도라는 사실도 입증되었다.

왜당귀 꽃

재배적 특성

당귀는 미나리과에 속하는 다년생 식물로 원산지는 한국을 비롯한 중국, 일본 등이다. 종래에는 한약재 용도로 뿌리를 채취할 목적으로 재배되었으나, 최근에는 잎에서 은은한 향기가 나고 연한 잎이 건강식품으로 적합하여 쌈 채소로 재배하게 되었다.

당귀의 생육 적온은 20~22°C 정도이며, 주로 고랭지에서 재배되지만 전국에 확산되었다. 초기 성장은 매우 더디지만 어느 정도 지나면 왕성하게 자라는 특성이 있다.

재배에 알맞은 토양은 토심이 깊고 비옥하며, 배수가 잘되고 보수력이 있는 양토나 식양토가 적당하다.

당귀 꽃

텃밭 재배 시기는 3~4월에 파종(아주심기)하여 어린잎은 자라면서 계속하여 조금씩 뜯어내어 쌈채소로 이용하고, 뿌리는 10~11월에 수확한다.

카로틴 성분이 풍부한 황색식품 당근

당근 (시그마, 농우바이오)

Carrot

- 과명: 미나리과
- 학명: *Daucus carota* L.
- 한자명: 胡蘿蔔, 黃蘿蔔, 紅蘿蔔, 糖根
- 영명: carrot
- 일본명: ニンジン
- 원산지: 중앙아시아 아프가니스탄 등

이름

당근의 이름은 '단맛이 나는 뿌리(糖根)' 라는 뜻에서 비롯된 것으로 생각된다. 뿌리가 붉은 색이고 단맛이 나는 무라는 뜻으로 '홍당무' 라고도 한다. 당나라에서 들어온 뿌리식물이라는 뜻으로 당근(唐根)이라는 설이 있으나 근거가 희박하다. 중국에서 당나라(618~907) 때에는 당근을 재배한 사실이 없는 것으로 조사되었기 때문이다. 원나라(1271~1368) 초기에 중앙아시아에서 처음으로 전래된 것으로 알려져 있다. 한자명은 胡蘿蔔, 黃蘿蔔, 紅蘿蔔 또는 학슬풍(鶴虱風)이라 한다. 영명은 carrot 이며 켈트어의 색깔이 붉다는 뜻으로 celtic 에서 유래하였다. 일본 이름은 인삼과 발음이 비슷한 닌진(ニンジン) 이라 한다.

학명은 *Daucus carota* L. 인데, 여기에서 속명 '다우쿠스' 는 그리스어로 당근을 먹으면 체온이 따뜻해진다는 뜻의 'daukos' 에서 유래하였다.

노화예방과 항암 등 효능이 있는 당근

당근의 가장 큰 매력은 황색(黃色) 색소인 카로틴(carotene)과 비타민 A 성분이다. 당근의 식품적 가치에 대하여 『농촌진흥청자료』에 따르면 생체 100g 당 들어있는 베타카로틴은 7,300mg으로 가장 풍부하게 함유되어 있다. 이 성분의 효능은 항산화작용으로 활성산소가 세포를 손상시키는 것을 억제하기 때문에 노화예방 효과가 있고, 발암물질과 독성물질의 활동을 억제해주기 때문에 폐암, 췌장암 등의 예방에 효과가 있으며, 시력보호 등에도 효능이 있다.

카로틴이 분해하면서 발생하는 비타민 A의 함량도 가장 많은 채소중의 하나이며, 당근 100g 당 4,100 iu 정도가 들어 있다. 비타긴 A의 효능은 피부를 부드럽게 만들어 주는 효과가 있고, 피부의 저항력을 높여주어 두피(頭皮)가 가렵거나 비듬이 많은 사람에게 도움이 된다.

당근의 카로틴 성분은 생으로 먹으면 흡수율이 10% 이하 이지만 기름에 조리하여 섭취하면 60% 이상 높아지므로 조리하여 먹는 것이 좋다. 당근을 꾸준히 먹으면 혈중 콜레스테롤 수치를 내리고, 위장이 튼튼해진다. 당근의 식이섬유는 변의 부피를 25% 정도 늘리고 부드럽게 하여 변비의 개선 효과가 있다.

민간요법으로 전해지는 당근의 효능은 강장, 피로회복에 좋으며, 호흡을 순조롭게 하고, 위장이나 허파를 건강하게 해준다.

채찍보다 당근을 더 주라고 한 스티브 잡스의 교훈

당근의 원산지는 중앙아시아의 아프가니스탄 등이며, 중국에는 원나라

당근 꽃

강일동 텃밭에 자라는 당근

(1280~1367) 초기 중앙아시아에서 전래되었다. 유럽에는 이에 앞서 12세기경 아랍으로부터 스페인에 전파되어 13세기에 이탈리아, 14세기에 네덜란드, 독일, 프랑스로 확산되고, 15세기에 영국에서 재배가 시작되었다.

Bill Laws(2005)의 『The Curious History of Vegetables(진기한 야채의 역사)』에 따르면 영국 정원사들이 제일로 좋아하는 식품은 당근이다. 이것을 유럽에 전파한 사람은 900년대에 중동지방의 무어인이며, 1100년대에는 스페인으로, 1300년대에는 독일과 네덜란드 사람들이, 1400년대에 영국 사람들이 기르기 시작 했다. 미국에는 1600년대라는 것이다.

당근과 관련하여 전해오는 이야기도 있다. 예전에는 주로 당나귀를 운송수단으로 이용하였는데 당나귀는 당근을 잘 먹고 매우 좋아하였다. 그러나 고집이 있고 힘이 세어 부리기가 힘들자 당나귀에게 당근과 채찍을 함께 사용하였다. 이때 당나귀가 일을 잘하면 당근을 주고, 못하면 채찍으로 벌을 주면서 적절하게 조정하였다.

최근에도 세계적인 기업 애플의 CEO 스티브 잡스(Steve Jobs, 1955~2011)는 "채찍보다 당근을 더 주어라"라는 말을 남겼다.

– Use more carrots than stick –

달고 맛있는 당근과, 맞으면 아프고 두려움을 상징하는 채찍에 비유하여 유래

당근 텃밭

당근

된 것으로 경제활동과 기업 경영에서는 벌보다 상을 더 많이 주는 것이 효과적이라는 것이다.

이 같은 방법은 아이들의 교육을 비롯하여, 국제정치 사회에서도 유화책과 강경책의 수단으로 폭넓게 적용하는 방법 중 하나가 되었다.

재배적 특성

당근은 미나리과의 2년생 뿌리채소로 원산지는 중앙아시아이다. 당근의 생육 적온은 18~21°C이며, 서늘한 기후를 좋아하며, 내한성과 내서성도 강한 편은 아니다.

재배에 알맞은 토양은 사양토로 비옥하고 적당한 습기를 유지하며 배수가 잘되는 것이 좋다. 토양산도는 pH 5.3~7.0 으로 비교적 넓은 편이다. 생육기에 고온이 되면 뿌리가 굵어지고 짧아지며 병해충이 증가한다. 저온이 되면 뿌리는 가늘고 길어진다.

우리나라의 당근 재배역사는 중국에서 들어온 것으로 추정되지만, 재배역사는 길지 않다. 1894년부터 조선을 4차례 여행한 영국 출신의 지리학자 이사벨라 비숍(Isabella Bird Bishop, 1831~1904)은 그녀의 저서 『Korea and Her Neighbours(조선과 그 이웃나라들)』에서 조선인이 먹는 식품 목록에 당근이 포함되어 있다.

저자는 1961년 남원 아영(전북) 지역의 당근 재배를 위한 코롱그룹의 군납(미군)용 당근농장(30ha) 조성 사업에 협력한 사례가 있다. 이 무렵 당근은 매우 귀한 식품 중의 하나였으며 다른 곳에서 좀처럼 재배지를 찾아보지 못하였다.

수확된 당근

당근 (슈퍼소촌, 아시아종묘)

미나리

독특한 향미와 해독성이 있는

Water Dropwort

- 과명: 미나리과
- 학명: *Oenanthe stolonifera* DC.
- 한자명: 水芹, 芹菜, 水芹菜
- 영명: water dropwort, water celery
- 일본명: セリ
- 원산지: 중국, 한국 등

미나리

이름

  미나리의 우리말 어원은 물(水)과 나리(百合)가 합성되어 '물나리' 라 하다가 '미나리'로 소리음이 변화된 것으로 추정된다. 미나리는 물을 뜻하는 옛말 '미'와 풀이나 나무를 뜻하는 고어로 '나리' 와 합성된 말이다.

  한자명은 물이 많은 습지에 자라는 식물이라는 뜻으로 水芹이라 한다. 芹菜, 水芹菜, 芹, 楚葵, 水英 등의 이름도 있다. 영명은 물이 많은 습지에서 자라는 식물이라 하여 water dropwort 또는 water celery라고 부른다. 일본 이름은 세리(セリ-) 이다.

  학명은 *Oenanthe stolonifera* DC 이다. 여기에서 속명 '외난더'는 그리스어의 oinos(술)과 anthos(꽃)에서 유래하며 꽃의 향기에 연유한다는 주장이 있다. 종명 '스톨로니페라'는 줄기를 많이 뻗는다는 뜻이다.

미나리의 영양학적 성분과 효능

  미나리의 주요 영양성분에 대하여 농촌진흥청의 『국립원예특작과학원 자료』

에 따르면 미나리의 대표적 약리성분으로는 이소 람네틴(iso ramnetin)과 페르시카린(persicarin) 등의 방향성 정유성분이며, 이외에도 비타민류 및 칼슘 등 무기질이 풍부하다. 이들 중 페르시카린은 간독성을 허독하는 기능을 가지고 있는 것으로 알려져 있다. 해독 작용으로 중금속과 같은 인체 유해 물질을 몸 밖으로 배출하며, 피를 맑게 하는 기능이 있다.

서명자 교수(1998)의 『약이 되는 좋은 먹거리』에 따르면 미나리는 비타민 A, B1, B2, C가 고루 함유되어 있으며 특히 비타민 A가 아주 많아 비타민 보급원이 된다. 무기질로는 칼슘, 철분 등도 많이 함유된 알칼리성 식품이다. 미나리의 효능에 대하여는

첫째, 식욕을 촉진시키고,
둘째, 발한(發汗)과 보온(保溫) 작용이 있다.
셋째, 대장의 활동을 좋게 하여 변비를 없애고,
넷째, 혈압 강하작용과 해열, 진정작용이 있다.

미나리에서 배우는 헌근지성(獻芹之誠)의 교훈

윗사람에게 선물을 보내거나 자기 의견을 겸손하게 나타낼 때에 자기를 낮추어 '변변치 못한 미나리를 바친다'는 뜻으로 '헌근(獻芹)'이라는 용어가 있다. 그리고 '정성을 다하여 올리는 마음'이라는 의미로 헌근지성(獻芹之誠)이라는

미나리 새잎

미나리 (그린파워, 아시아종묘)

사자성어(四字成語)가 있다. 옛날 어떤 농부가 봄 미나리의 맛이 너무 좋아 임금님에게 바쳤다는 고사에서 비롯된 문구이다.『조선왕조실록』에는 이 같은 교훈적인 내용이 폭넓게 인용되었다.

예를 들면,『조선왕조실록(세종, 1428. 12. 21)』에는 1428년 대제학 유사눌(柳思訥)은 세종임금 때 사은품을 바치면서 '변변치 못한 것이오나, 미나리를 바치는 것과 같은 정성을 표하나이다. 라고 하였다.

- 聊以表 獻芹之誠 (료이표 헌근지성) -

1478년의『조선왕조실록(성종, 1478. 9. 4)』에도 성균관 대사성 신자교(申自橋)는 성종임금에게 국가의 정황에 대하여 상소하면서 '미나리를 바치는 정성을 잊지 못하여 침묵을 지키고자 하여도 할 수 없어서 감히 아뢰니 굽어 살피소서"라고 전제하면서 나라의 통치이념을 간곡하게 진언하였다.

- 獻芹之誠難忘 欲黙 不能 敢誦一言 (헌근지성난망 욕묵불능감송일언) -

또한 1457년의『조선왕조실록(세조, 1457. 1. 21)』명나라에 보내는 외교문서에도 이 문구를 인용하였으며, 1533년에는 중종 임금에게 어느 농민이 수박을 진상할 때에도 인용(중종실록, 1533. 9. 12) 하는 등『조선왕조실록』에 90여 회나 인용되었다.

성장중의 미나리

강일동 텃밭의 미나리

이밖에 『청구영언(靑丘永言)』의 저자 김천택(金天澤)은 영조 때 미나리를 주제로 '임금을 기리는 마음'이라는 시를 썼다.

한편 미나리에 비유한 3가지 교훈적 덕목(德目)도 전해지고 있다. 여기에는

첫째, 진흙땅에서도 때 묻지 않고 싱싱하게 자라는 심지(心志)이다. 세상의 더러움에 물들지 않는 연꽃의 이제염오(離諸染汚)와 같은 뜻이라 할 수 있다.

둘째, 음지에서도 잘 자라는 생활력에서 악조건을 극복하는 지혜를 배우게 된다.

셋째, 가뭄을 이겨내며 푸르게 자라는 강인함에서, 좌절하지 않고 용기와 희망을 배우게 된다는 교훈적 이야기이다.

미나리 잎

재배적 특성

미나리는 미나리과에 속하는 다년생 초본식물이다. 원산지는 중국 등이며 한국에도 분포한다. 줄기는 속이 비어있고 밑에서 가지가 많이 갈라져 옆으로 퍼진다.

생육 적온은 22~24°C 정도이며, 저온성 채소로 서늘한 기후에 잘 자란다. 재배에 알맞은 토양은 식토 등 다비성을 요구하지만 어디서나 잘 자란다.

적정한 토양산도는 pH 5.6~6.8 정도이다. 수생식물로서 물이 많은 환경을 좋아하므로 충분한 수분 공급이 필요하다. 미나리의 재배시기는 봄 재배는 3~4월 파종(아주심기)하여 5~6월에 수확하고, 가을 재배는 9월에 파종(아주심기)하여 10~11월 수확한다.

미나리의 뿌리와 줄기

스태미나를 증진시키는 정력식품 셀러리

Celery

- 과명: 미나리과
- 학명: *Apium graveolens* L. var. *dulce*
- 한자명: 洋芹, 芹菜, 洋芹采
- 영명: celery
- 일본명: セルリ—
- 원산지: 지중해 연안의 이집트 등

셀러리

이름

 셀러리 이름은 외래어에 비롯되었으며, 우리말 이름은 '양미나리(북한은 밭미나리)'라고 부른다. 한자명은 서양에서 들여온 미나리(芹)라는 뜻으로 洋芹 또는 西芹이라 하며, 芹菜, 洋芹采 등의 이름도 있다. 영명은 '셀러리(celery)'이다. 라틴어의 치료를 의미하는 '셀레르(celer)에서 유래하였다. 일본 이름은 영명을 인용하여 세루리(セルリー)라고 한다.

 학명은 *Apium graveolens* L. var. *dulce* 이다. 여기에서 속명 '아피움'은 그리스어의 습한 지역(apion)이라는 의미와 라틴어의 벌(apis)에서 유래하였다. 셀러리는 습한 땅에 잘 자라고, 벌들이 향긋한 하얀 꽃향기에 매료되기 때문이다. 종명 '그라비올렌스'는 셀러리 식물체가 '강하다' 라는 뜻이 있다. 셀러리 학명에는 습한 지역에 잘 자라고 벌들이 좋아하는 향기가 있는 강한 식물이라는 뜻이 담겨있다. 변종명 *dulce*는 달다는 뜻이다.

셀러리의 영양학적 성분과 효능

셀러리는 독특한 맛과 향 때문에 고대 그리스, 로마 시대부터 약용으로 쓰였으며, 17세기 이후 이탈리아, 프랑스를 중심으로 품종이 개발되어 건강식품으로 보급되었다. 고대 이집트 사람들은 셀러리 줄기를 성적 발기부진(勃起不振) 치료를 위하여 오늘날의 '비아그라'처럼 사용하였다. 이처럼 셀러리는 스태미나를 증진하는 용도로 쓰인 오랜 역사가 있다.

셀러리의 효능에 대하여 이미 발표된 몇 가지 자료를 중심으로 살펴보면, 첫째, 셀러리에는 아핀(apiin)이라는 정유성분과 향이 있어 입맛을 돋우고, 소화나 신장의 활동을 촉진하는 효능이 있다. 둘째, 셀러리의 식이섬유는 저칼로리 건강식품으로 비만 방지에 도움을 주며 공복감을 메워 주는 여성들의 다이어트 식품으로서 가치가 있다.

셋째, 셀러리에 들어있는 루테올린(luteolin)성분은 뇌신경의 염증을 감소시키는 효능과, 노인성 치매 예방에 도움을 주고, 섬유질은 정장작용과 해로운 세균을 배설하여 변비나 암 예방 효과가 있다. 넷째, 셀러리에 함유된 메티오닌(methionine)성분은 간장기능을 강화한다. 이밖에 셀러리 잎을 목욕물 속에 넣으면 향기가 좋아지며 몸을 훈훈하게 한다.

이식 2주후

셀러리 잎

셀러리에 관한 정력식품 이야기

셀러리가 정력식품이라는 점에 대하여 미국의 룹(Rebecca Rupp)의 『How Carrots won the Trojan War(박유진 역)』에 따르면, 이탈리아의 전설적인 엽색가(獵色家) 카사노바(Casanova, Giacomo)는 정력을 키우기 위하여 셀러리를 먹었다. 그리고 프랑스의 루이 15세(Louis XV, 1710~1774)가 사랑한 퐁파두르(Pompadour) 애첩도 셀러리의 소문난 최음(催淫) 효과를 기대하면서 셀러리 수프를 루이황제에게 먹였다. 이밖에도 셀러리가 '비아그라 채소'라고 주장한 '월터 거먼' 박사의 이야기도 소개하였다.

셀러리에 들어있는 안드로스테론(androsterone) 성분을 남성이 섭취하면 여성을 유혹하는 작용을 한다는 것이다. 프랑스에는 '셀러리가 남성에게 작용하는 효능을 일찍이 알았다면 많은 여성들은 셀러리를 찾아 파리에서 로마까지 갔을 것이다' 라는 속담이 있다. 이처럼 셀러리는 예로부터 스태미나를 증진하는 정력식품으로 알려져 있다.

재배적 특성

셀러리는 미나리과에 속하며 1~2년생 초본식물로 원산지는 지중해 연안의 이집트를 비롯하여 유럽남부와 아프리카 북부이다.

옛날 유럽에서는 셀러리가 높은 신분의 상징적 식품으로 인식되었으며, 값도

셀러리 꽃

강일동 텃밭에 자라는 셀러리

매우 비쌌다. 셀러리를 희고 맛이 달게 재배하려면 줄기 둘레에 흙으로 '북주기'를 하여 햇빛을 차단해야 하는데, 여기에 소요되는 노력이 많이 들지만 희소가치가 있었기 때문이다. 그 후 셀러리는 새로운 품종이 개발되고 점차 확산 보급되어 값이 싸지고 오늘날에는 많은 사람들의 사랑 받는 채소가 되었다. 또한 다이어트하는 여성식단에 오르는 채소가 되었다.

셀러리 (벤투라, 아시아종묘)

셀러리의 생육 적온은 15~22°C 정도이며, 저온성 채소로 서늘한 기후에 잘 자란다. 기상환경에 대한 적응성은 넓으나 강한 광선이나 건조에는 약하다.

재배에 알맞은 토양은 충분한 토양수분을 필요로 하며, 다비성이 요구된다. 종자는 매우 작으며 발아가 잘 되지 않는다. 적정한 토양산도는 pH 5.6~6.8 정도이다.

셀러리의 식물체

셀러리의 재배 시기는 봄과 가을을 비롯하여 여름철 고랭지 재배로 구분할 수 있다. 봄 재배는 3~4월 파종(아주심기)하여 6~7월에 수확하고, 가을 재배는 8~9월에 파종(아주심기)하여 10~11월 수확하는 것이 일반적이다. 재배 품종에는 줄기가 둥글고 두꺼우며 잎과 줄기가 녹색인 녹색종과 교잡종 등이 있다.

신선초

오늘 잎을 잘라도 내일 또 잘라내는

신선초

Angelica

- 과명: 미나리과
- 학명: *Angelica utilis* Makino
- 한자명: 鹹草, 明日葉, 神仙草
- 영명: angelica
- 일본명: アシタバ
- 원산지: 일본

이름

대부분의 식물 이름은 그 식물이 가지고 있는 여러 가지 생태적 특성과 원산지 등의 요인에서 비롯된다. 그러나 신선초(神仙草)라는 이름은 원래 스님들이 즐겨먹는 백합과 식물의 '산마늘'의 별명이었다. 그런데 이와 다른 미나리과의 일본 이름 명일엽(明日葉)'을 어느 유통업자가 수입하면서 상표명으로 등록하여 또 다른 '신선초' 이름이 생겼다. 이처럼 우리나라에 수입될 때 등록된 상표이름의 신선초는 아직『한국원예학회용어집』에도 수록되지 아니하여 정착된 단계의 식물 이름으로 보기에는 미흡하다.

한자명은 짜다는 뜻으로 鹹草라고 하며, 道管草, 珍立草(腎立草) 등 이름이 있다. 영명은 천사와 같다는 뜻으로 'angelica'라고 한다. 일본 이름은 잎을 오늘 자르면 내일 새싹이 나온다하여 명일엽이라는 뜻으로 아시다바(アシタバ)라고 한다.

학명은 *Angelica utilis* Makino 이다. 여기에서 속명 '엔젤리카'는 라틴어에서 유래하며 천사와 같은 이라는 뜻이 있다. 종명 '유틸리스'는 유용하다는 뜻으로 풀이된다. 그러므로 신선초의 학명에는 하늘에서 천사가 주는 유용한 식물이라는 뜻이 있다.

게르마늄이 풍부한 영양학적 성분과 효능

신선초는 치매를 예방하고 혈압을 낮추어 주는 효능이 있다. 신선초는 독특한 향기와 은은한 쓴맛이 있다. 어린잎은 쌈으로 이용하고, 지상부는 녹즙재료로 쓰여 식물체 전체를 버릴 것 없이 이용하고 있다.

그리고 어린잎과 줄기는 삶아 나물처럼 먹거나 초장에 찍어 먹기도 한다. 말려서 가루로 내어 차로도 마신다.

신선초의 효능에 대하여 박권우 교수(2009)의 『기능성 채소』에 따르면 매우 다양한 성분을 함유하며 비타민과 미네랄이 풍부하다. 특히 활성물질인 게르마늄(germanium)은 인삼의 2배 함유하고, 핏속의 유해물질을 청소하고 혈중산소를 증가시키는 작용이 뛰어나며, 비타민 B12 도 다른 채소에 비하여 월등하게 많다. 또 칼슘, 사포닌, 고급지방산 등 우리 몸에 좋은 영양소를 고루 함유하고 있다.

게르마늄은 핏속의 유해 물질을 청소하고 혈중 산소를 증가시키는 작용을 한다. 따라서 신선초는 고혈압, 동맥경화, 빈혈, 당뇨와 다이어트에 이롭고, 정력 증강과 피로회복에 도움을 준다. 이밖에 신경통, 변비, 이뇨, 소화기의 장애, 기타

신선초

신선츠꽃

제4장 미나리과, 백합과, 꿀풀과 식물 이야기 195

성인병 예방에도 도움을 준다.

고혈압을 모르고 산다는 신선초 원산지 하찌죠섬

　일본의 수도(東京)에서 남쪽으로 약 290km 떨어진 태평양 상에 하찌죠시마(八丈島)라는 섬이 있다. 이 섬은 옛날 죄수들의 유배지였으며 신선초의 원산지로 알려져 있다. 이곳 주민들은 해안에 자생하는 신선초를 나물로 먹으며 살았는데 그 결과 장수하며 고혈압이라는 것을 모르고 건강하게 살았다. 이와 같은 사실로 인하여 신선초가 건강식품으로 알려지면서 확산하여 보급되기 시작하였다.

　또 신선초를 남성이 먹으면 정력이 왕성해지고 회춘하여 신입(腎立)하므로 신입초라는 별명도 있다. 그리하여 여성들은 이 식물의 별명만 떠올려도 신입한 남성을 연상하며 흥분하여 얼굴이 붉어진다는 이야기도 있다. 이는 중국의 여걸 서태후가 '부추'를 기양초(起陽草)라고 비유하며 먹었다는 해학적 이야기와 유사하다.

　다른 한편 일본의 '三宅島'라는 섬에는 1983년 10월 3일 대화산이 폭발하여 섬 안의 식물들이 모두 불타버렸다. 그런데 이 황량한 땅에서 제일 먼저 싹이 돋아난 식물이 신선초였다고 한다. 신선초의 정력식품으로 강한 성장력도 있다는 사례라 할 수 있다.

신선초 어린묘

신선초가 자라는 강일동 텃밭

재배적 특성

신선초는 미나리과에 속하는 다년생 숙근 초본으로 원산지는 일본의 하치죠섬(八丈島)이다. 이 식물은 줄기나 잎을 자르면 노란 액즙이 나오며, 잎에서 독특한 향기와 은은한 쓴맛이 있다. 신선한 어린잎은 쌈으로 먹고, 지상부는 녹즙용으로 쓰여 버릴 것이 없다. 오늘 자르면 내일 새싹이 나올 정도로 생육이 왕성하며 게르마늄을 다량 함유한 약초로 알려져 있다. 잎은 두껍고 연하며, 인삼 잎과 비슷하다. 꽃은 8~10월에 연한 노란색으로 피며 씨앗이 많다.

신선초의 절단부 노란 액즙

신선초의 생육 적온은 20~25°C 정도이며, 영하 5°C에도 얼어 죽지 않을 정도로 내한성이 강하지만 30°C 이상 고온에서는 생장이 저하되고, 35°C 이상 에서는 고사한다. 재배에 알맞은 토양은 부식질이 풍부하며, 토심이 깊고, 배수가 잘 되는 보수력이 있는 양토, 식양토이며, 토양산도는 pH 6.0~6.5 정도이다.

재배 시기는 3~4월에 파종(아주심기)하여 70일 정도 지나면 어린잎이 자라 조금씩 계속 뜯어내어 쌈채소 등으로 이용한다.

신선초 재배가 우리나라에 처음 시작된 것은 1970년대이며, 1990년대 초반에 녹즙용으로 많이 재배하였다. 그러나 1990년대 중반 녹즙기의 쇳가루 유출 파동으로 소비가 급격하게 줄어들면서 아울러 재배면적도 감소하였다. 그러다가 1990년대 후반부터 쌈채소로 이용되면서 다시 본격적인 재배가 이루어지고 있다. 앞으로 신선초가 샐러드 용도로 쓰일 경우 재배면적은 더욱 증가될 전망이다.

서양요리 3대 기초식품의 하나 파슬리

Parsley

- 과명: 미나리과
- 학명: *Petroselium crispum* Mill.
- 한자명: 香芹, 洋香菜, 歐芹
- 영명: parsley
- 일본명: パセリー, オランダセリ
- 원산지: 지중해 연안의 남유럽과 북아프리카

파슬리

이름

파슬리라는 이름은 외래어에 비롯되었으며 우리말 이름은 '향미나리'라고 한다. 한자명은 향(香)이 나는 미나리(芹)라는 뜻으로 '香芹'이라 한다. 서양에서 들여온 향이 있는 채소라는 뜻으로 洋香菜, 歐芹. 和蘭水芹, 西洋旱芹 등의 이름이 있다. 영명은 parsley 라고 한다. 일본 이름은 영명을 인용하여 파세리(パセリー)라 하고, 네덜란드를 상징하여 오란다세리(オランダセリ) 라고도 한다.

학명은 *Petroselium crispum* Mill. 이다. 여기에서 속명 '페트로셀리움'은 그리스어의 돌이나 바위를 뜻하는 페트라(petra)와 셀러리를 의미하는 셀리논(selinon)의 합성어에서 유래한다. 골짜기에 있는 돌 사이에서 자라는 셀러리(양미나리)라는 뜻이 있다.

파슬리의 식품적 가치와 효능

우리는 매일 일정량의 채소를 섭취하여야 건강하게 살아갈 수 있다. 채소는 비타민 C 등의 공급원으로 중요한 역할을 담당한다. 성인이 하루에 섭취하여야할 비타민 C 소요량은 100 mg정도이다.

파슬리의 식품가치에 대하여 농촌진흥청의 『농업기술정보자료』에 따르면 파슬리에는 비타민 A, C를 비롯하여 철분, 칼슘, 마그네슘 등의 성분이 풍부하고 영양가도 높아 우수한 건강식품이다.

파슬리의 효능으로는 첫째, 파슬리에는 독특한 향기가 나는 아피올(apiol)이라는 정유성분이 있어 수프, 소스, 샐러드, 생선과 육류요리, 튀김 등 기초요리(조미료)에 이용하면 소화를 촉진하고. 간장(肝腸)을 해독하며 이뇨작용 등의 효능이 있다. 그리고 음식을 담는 접시의 장식물로 사용하면 강한 향이 벌레의 접근을 막고, 살균 효과도 있어 식중독 예방에 도움을 준다.

둘째, 파슬리의 싱싱한 잎이나 말린 것을 잘게 썰어 식용하면 비타민류와 미네랄 성분이 있어 식욕을 증진하고, 눈의 신경을 보호하며, 노화방지에 도움을 준다. 셋째, 파슬리에는 칼륨성분이 다량 함유되어 나트륨 배출을 촉진하여 콜레스테롤과 혈압의 수치를 안정하게 하여 심혈관 질환 예방에 도움을 준다. 이밖에 파슬리는 변비, 여성의 생리통, 피부미용 등에 효능이 있다.

유태종(2012)의 『음식궁합』에 따르면, 파슬리는 체내에서 비타민 A로 변하는 카로틴 성분이 풍부하여 당근과 함께 건강채로로 알려져 있다. 그런데 이 카로틴은 물에 안 녹는 지용성 비타민으로 식용유와 함께 먹어야 몸 안에서 더욱

파슬리 (축엽종)

파슬리 재배전경

흡수가 잘된다. 그러므로 파슬리와 식용유를 함께 먹어야 좋은 궁합을 이루게 된다.

향미료로 쓰이는 3대 기초식품의 하나

고대 그리스와 로마시대에 파슬리는 약용이나 향미료로 사용되었다. 그리고 각종 운동경기의 승리자에게 파슬리 잎과 줄기로 엮어 만든 관을 수여하였다. 파슬리는 진한 향과 상큼한 맛 때문에 서양 요리에 쓰이는 후추, 월계수 잎과 함께 향미료로 쓰이는 3대 기초식품의 하나이다.

파슬리가 식용으로 재배된 역사는 2~3세기에 이탈리아에서 시작되어, 9세기에 프랑스에 전파되고, 16세기에 독일과 영국에 전파되었으며, 17세기에 유럽 전역으로 확산되었고, 미국에는 19세기에 전파되었다.

우리나라의 파슬리 재배 역사는 농촌진흥청의 『농업기술정보 자료』에 따르면 1929년 파슬리(품종 미상)가 도입된 기록이 있고, 그 후 시험재배가 이루어져 오다가 1970년대부터 확산하여 재배되었다. 그러나 파슬리에 대한 우리의 인식은 아직도 특수한 향이 있고, 잎이 오글오글하여 음식의 장식용으로 쓰이는 정도로 생각하며, 잘 먹지 않고 있다. 그러나 파슬리는 세계적으로 알려진 건강식품으로 우리는 이 같은 식품의 기능성에 대하여 그 성분이나 섭취량 등에 관심을 기울일 필요가 있다.

파슬리가 자라는 강일동 텃밭

왕성하게 자라는 파슬리

재배적 특성

파슬리는 미나리과에 속하는 2년생 또는 다년생 초본식물이다. 원산지는 지중해 연안의 유럽남부와 아프리카 북부 지방이다. 우리나라에서는 강원도 고랭지를 중심으로 재배하고 있으며, 겨울철에는 제주도에서 재배하여 잎을 이용하고 있다.

파슬리의 생육 적온은 15~20°C 정도이며 서늘한 기후에 잘 자라는 식물이다. 3~4°C의

파슬리 어린묘

저온에서도 견디는 식물이지만 28°C 이상의 고온이나, 건조에는 약한 편이다.

재배에 알맞은 토양은 사질양토나 점질양토이며, 토심이 깊고 배수가 잘되는 적당한 습기가 있는 땅이 좋다. 토양산도는 pH 5.0~7.0 정도 범위에서 잘 자라며 특히 다비성을 요구하는 작물이다.

파슬리의 재배 시기는 보통 3~4월 또는 6~8월에 파종(아주심기)하여 6~11월에 수확한다. 재배 품종으로는 잎의 끝이 꾸불꾸불하며 잘게 주름이 잡히고 동그랗게 뭉치는 축엽종(縮葉種, curly pasley)과 전체적으로 진한 녹색의 주름이 잡히지 않는 평엽종(平葉種, Italian pasley)으로 구분할 수 있다. 우리나라에서 재배하고 있는 품종은 주로 잎이 오글오글한 축엽종이다.

파슬리는 비타민 A, C 등이 풍부한 식품으로 밀가루에 묻힌 튀김으로 섭취하면 비타민 A의 흡수가 원활하고 비타민 C의 파괴도 적어 피부미용, 이뇨, 혈액순환에 좋은 음식궁합을 이룬다.

백합과식물
204 마늘   208 부추   212 삼채   216 양파   220 파

꿀풀과식물
224 잎들깨

<단군의 건국 신화>

爾輩食之蒜艾不見
日光百日便得人形

祝瑞菴申昊哲雅兄出版記念
南江宋河徹書

(이배식지산애 불견일광백일 편득인형)
— 삼국유사 중에서 —

너희(곰과 범)가 마늘과 쑥을 먹고
백 일 동안 햇빛을 보지 않으면
사람의 몸이 되리라

(본문 p.205 참조)

출처 : 단군의 건국 신화
글씨 : 南江 宋河徹

◀ 양파와 파

미국 타임지가 선정한 세계 1위 건강식품 마늘

Garlic

- 과명: 백합과
- 학명: *Allium sativum* L.
- 한자명: 大蒜, 葫蒜
- 영명: garlic
- 일본명: ニンニク, オオニンニク
- 원산지: 서아시아의 이란, 이집트 등

마늘

이름

마늘의 어원은 '매우(猛) 맵다(辣)'는 뜻으로 맹랄(猛辣)이라 하였는데 점차 소리음이 변하여 '마랄'이라 하다가 '마늘'이 되었다. 몽고어 만끼르(marnggir)에서 소리음 일부(gg)가 생략되어 '마닐(marnir)'이 되어 다시 마늘로 변했다는 설도 있다. 크다는 뜻으로 대(大)마늘, 서역에서 들어왔다 하여 호(胡)마늘이라고도 한다. 한자명은 중국에 원래 작은 마늘(小蒜)이 있었는데 한(漢)나라 때 장건(張騫. BC. ?~BC114)이 큰 마늘을 서역(Iran)에서 들여와 '대산(大蒜)' 또는 '호산(胡蒜)'이라 하며 蒜, 蒜仔라고도 한다. 영명 'garlic'은 앵글로 색슨어 갈릭(gar-leac)에서 유래하였다. 가(gar)는 창이라는 뜻으로 마늘쪽이 창을 조금 닮았음을 의미한다. 릭(leac)은 식물 또는 약초를 의미한다. 또 끝이 뾰족하다는 페르시아어 '갈(gar)'과 부추를 의미하는 '릭(lic)'의 합성어이다. 일본 이름은 닌니구(ニンニク), 오오닌니구(オオニンニク)라고 한다.

학명은 *Allium sativum* L. 이다. 여기에 속명 '알리움'은 라틴어의 맵다(alere) 또는 켈트어의 뜨겁다(all)라는 뜻으로 마늘의 독특한 매운맛과 냄새에서 비롯되었다. 종명 '사티붐'은 재배종을 뜻하는 경작(耕作)이라는 의미가 있다.

삼국유사의 단군신화와 마늘

『삼국유사(제1권, 古朝鮮)』의 기록에 따르면, 천제자(天帝子) 환웅(桓雄)은 3천명의 무리를 거느리고 태백산에 있는 신단수 아래로 내려왔다. 환웅천왕은 바람, 비, 구름을 거느리고 농업, 생명, 질병, 법률, 도덕(善惡) 등 인간세상의 3백 60가지 일을 주관하여 다스리고 교화시켰다. 이 때 곰과 호랑이 각 한 마리가 같은 굴속에 살았는데, 사람이 되기를 환웅에게 간절히 기원하였다. 이에 환웅은 신령스런 마늘(蒜) 20개와 쑥 한 다발을 주면서 '너희들이 마늘과 쑥을 먹고 백일 동안 햇빛을 보지 않으면 사람의 몸이 될 것이다.' 라고 하였다.

– 爾輩食之蒜艾 不見日光百日 便得人形 –
(이배식지산애 불견일광백일 편득인형)

그리하여 곰은 마늘과 쑥을 먹고 금기사항을 잘 지켜 여자의 몸이 되었지만, 호랑이는 참지 못하여 사람이 되지 못하였다. 그 후 웅녀(熊女)는 혼인할 상대가 없어 매일 신단수 아래에서 아이가 잉태하기를 기원하였다. 이에 환웅은 잠시 사람으로 변하여 웅녀와 통혼하였다. 웅녀는 마침내 아들을 낳았는데 이분이 바로 '단군왕검'이라는 단군신화이다.

의성 마늘 (곽정호)

의성 마늘 생육 중

성경에 기록된 타임지 선정 1위의 건강식품

마늘은 살균력과 면역력이 강하여 러시아에서는 '러시안 페니실린'이라고 하였다. 세계제1차대전 당시 마늘은 방부제로도 사용되었다. 『구약성경(민수기 11:5)』에 따르면 마늘은 이스라엘 백성들이 이집트를 탈출하여 광야에서 기력(氣力)이 떨어지자 가장 먹고 싶다고 한 '6대 건강식품' 중 하나였다.

이집트에서는 기원전 15세기경에 이미 몸이 허약할 때 마늘을 먹었으며, 피라미드 건설에 동원된 노동자들에게도 건강식품으로 마늘을 공급했다는 역사학자 헤로도토스(Herodotos)의 기록이 전하여 진다.

2002년 미국의 타임지가 선정한 '세계 10대건강식품'에도 마늘은 1위로 발표되고, 기능성 식품으로 영양가가 풍부하고 항산화 기능이 있어 면역력을 증가하며 건강을 북돋우는 가장 좋은 식품이라 하였다.

『한국식품과학회 자료(2008)』에 마늘은 '뛰어난 항균작용으로 세균의 발육을 억제하고 항암효과가 있으며, 위액의 분비와 혈액순환을 촉진 시키고, 혈액 중의 콜레스테롤을 낮추어 줌으로써 동맥경화 등에 효능이 있다고 하였다.

민간요법에서도 마늘은 거의 모든 음식에 기본 조미료로 사용하는 중요한 식품이며, 생선이나 육류의 냄새 제거에도 쓰이고 있다. 마늘에 함유된 스코르디닌(scordinin)과 알리인(alliin) 성분 등은 혈압과 혈중 콜레스테롤 수치를 내리게 하며, 혈액순환을 좋게 하고, 고혈압과 동맥경화 등 혈관질환에 좋으며, 단

남도 마늘 (곽정호)

남도 마늘 생육 중

백질의 소화를 촉진시켜 허약체질의 개선과 스태미나 증강, 피로회복, 장수 등에 좋다고 한다.

그러나 마늘을 한꺼번에 너무 많이 먹거나 빈속에 생마늘을 먹으면 위에 염증을 일으키는 일이 생기므로 생마늘의 경우 하루에 6쪽 이상은 삼가는 것이 좋다.

재배적 특성

마늘은 백합과의 2년생 비늘줄기 채소이다. 원산지는 서아시아의 이란 또는 북아프리카 이집트 등으로 알려져 있으며, 세계적으로 가장 오래된 재배작물 중의 하나이다. 우리나라에도 단군신화에 마늘(蒜)이 기록된 것으로 미루어 재배역사가 매우 오래되었다고 할 수 있다.

생육 적온은 18~20°C 정도이며, 25°C 이상에서는 잎이 마르고 휴면에 돌입한다. 그리고 10°C 이하에서는 잎 성장이 둔화된다. 알맞은 토양은 토심이 깊고 비옥한 점질양토로 배수가 잘되는 곳이 좋다. 토양산도는 pH 5.5~6.5 범위이다.

마늘재배에 관한 고전으로 강희맹(1424~1483)의 『사시찬요(四時纂要)』에는 파종시기에 대하여 '한로(寒露, 10. 8경) 때 심고 일찍 추워질 때에는 9월에 심어도 된다'고 하였다. 수확은 '하지(夏至, 6.21경) 때에 마늘을 캐는데 일찍 거두면 껍질이 붉고 쪽이 단단하나 늦게 거두면 껍질이 풀려 부수어지기 쉽다'고 기록되었다.

마늘 (산대)

마늘 (화산)

남녀의 정을 오래 지속시킬 수 있다는 부추

부추

Chinese Leek

- 과명: 백합과
- 학명: *Allium tuberosum* Rottl.
- 한자명: 韮子, 韮菜, 精久持, 起陽草
- 영명: chinese leek, chinese chive
- 일본명: ニラ, フタモジ, コミラ
- 원산지: 아시아의 중국, 인도 등

이름

부추는 몸을 튼튼하게 하는 강장, 강정의 효능이 있어 '풀(草)이 아니다(否)'라는 뜻으로 부초(否草)라는 어원에서 유래되었다. 우리나라에서 부추의 이름은 지역에 따라 다르다. 예를 들면 경기, 강원지방에서는 보통 부추라 부르지만, 충청지방에서는 '졸'이라 부르고, 호남지방에서는 '솔'이라 한다. 영남지방에서는 남녀 간에 정을 오래 지속시킬 수 있다는 뜻으로 정구지(精久持)라고 하며, 제주지방에서는 '세우리'라 부르는 등 서로 다르다.

한자명은 韮子, 韮菜, 起陽草라고 한다. 여기에 '구(韮)'라는 한자(漢字)의 뜻은 부추의 잎이 땅 위로 돋아나는 모양을 상징화 한데에 비롯되었다. 중국(淸나라)의 여걸 서태후(西太后, 1835~1908)는 부추를 즐겨 먹었다고 하며 남자의 양기를 세운다 하여 기양초(起陽草)라고 불렀다. 잎이 동양란(東洋蘭)과 비슷하고 비늘줄기가 파(蔥)를 닮아 '蘭蔥'이라고도 한다.

또 부추를 먹고 부부간에 운우지정(雲雨之情)을 나누면 집이 무너질 정도라 하여 파옥초(破屋草) 또는 부추를 먹으면 양기가 좋아져 오줌줄기가 벽을 뚫는

다 하여 파벽초(破壁草)라는 해학적 별명도 있다. 영명은 'Chinese leek' 또는 'Chinese chive'라고 한다. 일본 이름은 니라(ニラ), 후다모지(フタモジ), 고미라(コミラ)이다.

학명은 *Allium tuberosum* Rottl. 이다. 여기에 속명 '알리움'은 라틴어의 맵다(alere) 또는 켈트어의 뜨겁다(all)라는 뜻으로 부추의 독특한 성분에서 비롯되었다.

봄 부추는 인삼·녹용과 바꾸지 않는다.

부추에 얽힌 격언들은 예로부터 참으로 많이 있다. 예를 들면 '봄 부추는 인삼, 녹용과도 바꾸지 않는다.'라든가 '봄 부추 한 단이 피 한 방울보다 낫다'라는 이야기가 있다. 이는 봄철에 처음 돋아나는 초벌부추가 영양분이 풍부하고, 항산화 효능이 높아 몸 안에 생성된 산화물질 등을 제거해주는 효능이 많기 때문이다.

또 '부추 씻은 첫물은 아들에게 주지 않고 사위에게 준다.'는 속담도 있다. 아들에게 주면 좋아할 사람이 며느리이니 사위에게 먹여 딸이 좋도록 하겠다는 뜻이 담겨 있다.

반대로 '스님 부추 보듯 한다.'는 속담도 있다. 부추가 강력한 스태미나 식품이기 때문에 마음을 차분하게 하는데 해(害)가 된다하여 스님들은 먹어서는 안 되는 금기 식품의 하나이기 때문이다.

부추 꽃

두메부추 꽃

부추의 기능성 성분에는 카로틴(carotene)과 비타민 C 및 A 등이 풍부하게 들어 있다. 카로틴은 세포의 노폐물과 죽은 세포를 파괴하는 부위를 보호해 주어 노화방지에 효능이 있다. 이 같은 카로틴 성분의 흡수율을 높이려면 부추를 볶거나 튀김으로 만들어 섭취하는 것이 효과적이다.

피라미드 건설에 힘을 보태준 건강식품

부추는 이집트에서 피라미드 건설에 동원된 노동자들에게 건강식품으로 공급했다는 역사학자 헤로도토스(Herodotos)의 기록이 전해진다. 부추를 먹은 노동자들이 힘을 얻어 피라미드 건설에 위대한 업적을 달성하였다는 것이다.

『구약성경』에도 '우리가 애굽에 있을 때에는 값없이 생선과 오이와 수박과 부추와 파와 마늘들을 먹은 것이 생각나거늘, 이제는 우리의 기력이 다하여 이 만나 외에는 보이는 것이 아무것도 없도다(민수기 11:5~6).'라고 기록되었다. 부추는 이스라엘 백성들이 이집트를 탈출하여 광야에서 기력(氣力)이 떨어지자 가장 먹고 싶다고 생각한 '6대 건강식품' 중의 하나이다.

중국(明나라) 약초학자 李時珍(1518~1593)은 『본초강목』에서 부추는 신장을 따뜻하게 하고, 정력을 좋게 하는 '온신고정(溫腎固情)'의 효능이 있다고 하였다. 결국 부추는 건강식품으로서 원기 회복에 좋으며, 위(胃)와 장(腸)을 튼튼하게 하는 좋은 식품으로도 알려져 있다.

부추의 식물체

텃밭

재배적 특성

부추는 백합과의 다년생 비늘줄기 채소로 연중 수확이 가능하다. 원산지는 아시아의 중국, 인도 등이다. 우리나라는 삼국시대부터 재배된 것으로 추정하고 있다.

부추의 생육 적온은 18~20°C이고, 더위와 추위에 견디는 힘이 강한 편이므로 온도의 적응성이 좋다. 재배에 알맞은 토양은 광범위하지만 다습에는 약하다. 토양산도는 pH 6~7 정도의 중성 토양에서 생육이 왕성하며 산성조건에서는 잘 자라지 못한다. 보통 4월에 심는데, 부추는 생육 기간이 길고, 다비성 식물이므로 비료분이 부족하지 않도록 하고, 특히 퇴비를 많이 주는 것이 좋다. 번식은 포기나누기를 하거나 종자를 이용하여 쉽게 할 수 있다.

부추는 한번 심어 놓으면 영양가 높은 잎을 거의 매주 한 번씩 잘라 먹을 수 있으므로 이상적인 텃밭 채소의 하나이다.

부추재배에 관한 고전 중 강희맹(1424~1483)의 『사시찬요』에 따르면 부추는 게으른 사람의 채소여서 해마다 심지 않아도 된다. 그리고 홍만선(1643~1715)이 산림경제에 인용한 중국(明나라)의 주권(朱權, 1378~1446)이 지은 『신은지(神隱志)』에는 부추는 뿌리가 여러 해 얽히게 되면 무성하지 않으므로 8월이면 따로 두둑을 치고 갈라 심는데 심을 때에 늙은 뿌리는 따버리고 연한 뿌리만 조금 두어야 한다.

부추 (그린벨트, 아시아종묘)

강일동 텃밭에서 수확한 부추

유황성분과 식이섬유가 풍부한 삼채(뿌리부추)

삼채

Myanmar Chive

- 과명: 백합과
- 학명: *Allium hookeri*
- 한자명: 三菜, 蔘菜
- 영명: Myanmar chive
- 일본명:
- 원산지: 중국, 인도, 미얀마 등

이름

　삼채의 이름은 단맛, 쓴맛, 매운맛 등 3가지 맛이 있는 채소라는 뜻으로 삼미채(三味菜)에서 비롯되어 삼채(三菜)라고 부르게 되었다. 뿌리의 모양과 맛이 어린 인삼을 닮았다하여 삼채(蔘菜)라고도 한다. 잎이 부추처럼 생기고 뿌리가 커 뿌리부추라고도 한다. 이 같은 이름은 우리나라에서는 재배역사가 짧아 아직 원예학용어집 등에 수록되지 않았고, 우리말 이름으로 정착되지 아니하였다. 따라서 이름 속에 정보가 잘 전달된 '뿌리부추' 라는 이름이 더 합리적이고 좋을듯하다. 한자명은 三菜라는 이름이 있다. 영명은 미얀마(버마)의 고원지대에서 야생하는 부추라는 뜻으로 'Myanmar chive' 라고 한다.

　학명은 *Allium hookeri* 이다. 여기에 속명 '알리움' 은 라틴어의 맵다(alere) 또는 켈트어의 뜨겁다(all)라는 뜻이 있다. 종명 '후커' 는 뿌리의 생긴 모양에서 비롯된 것으로 생각된다.

삼채(뿌리부추)의 영양학적 성분과 효능

삼채의 영양학적 성분과 효능에 대하여 오홍명(2013)의 『건강 장수를 부르는 나무·풀』 및 관련 자료를 종합하여 정리해 보면 첫째, 삼채에는 유황성분이 생체 100g 당 3.28mg 함유되어 마늘(0.5mg)의 6배 정도 풍부하게 함유되어 있다. 이에 따라 식물성 유황성분은 항균, 항암작용을 비롯하여 면역력을 증가시키고 통증을 완화하며 염증을 치유하는 효능이 있다. 둘째, 식이섬유는 100g당 3.58g 함유되어 양파(1.2g)보다 3배 정도 풍부하게 들어있다. 이 성분은 배변을 촉진하는 기능이 있어 변비를 예방하고, 피의 원활한 흐름을 도모하는 정혈작용을 한다. 셋째, 콜레스테롤 형성 억제와 혈전 분해 성질이 있어 콜레스테롤 수치를 줄여 고지혈증, 당뇨병 등에 예방 효과가 있다. 이밖에 소화기관의 강장작용과 아토피 등 피부 질환 개선에도 도움을 준다.

『경상남도농업기술원 자료』에 따르면 삼채의 말린 분말에는 칼륨 성분이 1.71% 들어있어 고혈압 조절과 나트륨 배설을 촉진한다. 그리고 말린 분말 kg당 철분 함량은 125mg 들어있어 혈액생성과 빈혈을 예방하고, 망간은 11.8mg 들어있어 피로회복과 연골 재생에 도움을 주며, 아연성분은 13.6mg 들어있어 후각, 미각기능과 성장에 도움을 준다.

백합과 파속 식물의 5대 건강식품

예로부터 중국 불교계의 스님들은 파, 양파, 마늘, 부추, 달래 등 강정식품을 금

삼채 어린잎

삼채 꽃 (박상은)

기시하였다. 이것을 먹으면 정력이 너무 강해져 수행에 방해가 되기 때문이다. 그러나 현대사회에서는 오히려 건강식품으로 생각하고 즐겨 먹는다. 이들 식물은 냄새가 독특하고 매운맛을 내기 때문에 오신채(五辛菜)라고도 한다.

최근 식물학적 특성이 유사한 백합과의 파, 양파, 마늘, 부추, 삼채를 '5대 건강식품'으로 여겨 많은 사람들이 즐겨 먹고 있다. 이 부분에 대하여 이정명 교수(2013) 등 『채소학 각론』 기록된 주요성분(생체 100g당) 함량은 다음과 같다.

- 파: 원산지가 중국 등으로, 열량(29kcal)이 비교적 낮고, 탄수화물(6.7g), 식이섬유(1.7g), 칼슘(25mg), 비타민 C(11mg) 등이 골고루 들어있는 건강식품이다.
- 양파: 원산지는 지중해 연안으로, 열량(36kcal)은 파보다 높고, 탄수화물(8.4g), 식이섬유(1.2g), 칼슘(16mg), 비타민 C(8mg) 등이 골고루 함유된 건강식품이다.
- 마늘: 원산지는 서아시아이며, 열량(136kcal)과 탄수화물(30.0g)은 월등하게 높다. 타임지 선정 세계1위 건강식품으로 식이섬유(2.0g), 비타민 C(28mg), 칼슘(10mg) 등이 함유되었다.
- 부추: 원산지는 중국 등이며, 정력식품으로 널리 알려져 있고 식이섬유(2.7g)와 칼슘(28mg)함량은 5대 식품 중 최고이다. 그러나 열량(22kcal)과 비타민 C(5mg) 함량은 최저수준이다.

삼채 밭

삼채 수확물

- 삼채: 저자의 조사에 의하면 삼채의 원산지는 미얀마 등으로, 최근에 도입된 건강식품이며, 유황성분(3.28mg)과 식이섬유(3.58g)의 함량이 5대식품 중 최고로 평가되었다. 탄수화물(13.8g) 단백질(1.4g) 등도 비교적 풍부하다.

재배적 특성

삼채는 백합과의 다년생 채소로 원산지는 미얀마, 인도 등이며, 우리나라는 수년전에 도입되어 확산하여 재배 중에 있다. 잎이 부추처럼 생기고 뿌리는 어린 인삼과 비슷하다.

강일동 텃밭에서 수확한 삼채

삼채의 생육 적온은 15~25°C 정도이고, 잎이 쉽게 시들지 않는 특성이 있다. 일교차가 큰 지역에서 뿌리가 잘 자라고 품질이 좋다고 한다. 재배에 알맞은 토양은 토심이 깊고 배수가 잘되는 사질양토이다. 토양산도는 크게 가리지 않으나 과습은 피하여야 한다. 재배 시기는 보통 4~5월에 식재하는 것이 좋으며, 주로 뿌리로 번식한다. 수확은 연중 가능하지만 잎은 1년에 3~4회 정도 수확하며 뿌리는 가을에서 다음해 봄까지 채취한다. 뿌리와 잎 모두를 생으로 먹거나 익혀 먹으며 양념류 등 다양한 방법으로 섭취한다.

삼채 뿌리

세계의 위인들도 즐겨 먹은 양파

양파 (East West Seed)

Onion

- 과명: 백합과
- 학명: *Allium cepa* L.
- 한자명: 玉葱, 洋葱
- 영명: onion
- 일본명: タマネギ, タマブキ
- 원산지: 지중해 연안, 서부아시아

이름

  양파는 비늘줄기(鱗莖)의 둥근 모양을 상징하여 둥글파, 둥근파, 주먹파라고 부르며, 서양에서 들어온 파라는 뜻으로 양파라고 한다. 한자명은 비늘줄기의 모양이 큰 구슬처럼 생겼다하여 '玉葱'이라하고, 서양에서 들어온 파라는 뜻으로 '洋葱'이라 한다.

  영명은 'onion'이다. 오니온은 라틴어에서 단일(unio)이라는 뜻으로 비늘줄기가 분리되지 않고 하나의 둥근 모양을 하고 있다는 뜻이 있다. 로마인들은 '통합된'이라는 뜻으로 '우니오(unio)'라 하였는데 중세 프랑스어로 오뇽(oignon)이 되었으며, 앵글로 색슨어의 오뇬(onyon)이 현대 영어로 오니언(onion)이 되었다. 일본 이름은 다마네기(タマネギ), 다마부기(タマブキ)라고 한다.

  학명은 *Allium cepa* L. 이며, 여기에서 속명 '알리움'은 라틴어의 맵다(alere) 또는 켈트어의 뜨겁다(all)라는 뜻으로 분비물질이 눈을 강하게 자극한다는 데에 유래하였다. 종명 '세파'는 켈트어의 머리(cep, cap)라는 뜻으로 비늘줄기의 모양에서 비롯되었다.

중국 덩샤오핑과 미국 조지 워싱턴이 즐겨 먹은 양파

양파는 건강식품으로 요리하거나 생으로 먹거나 구워 먹으면 체력 증진에 도움을 준다. 양파 수프는 루이15세의 장인이었던 폴란드의 스타니스와프(Stanislaw, 1677~1766) 왕이 처음 개발하였다. 세계보건기구(WHO) 조사에 의하면 심장병 발생률이 가장 낮은 나라는 중국인데, 그 이유는 양파를 많이 먹기 때문으로 분석되었다. 중국의 위대한 지도자 덩샤오핑(鄧小平, 1904~1997)도 양파를 즐겨 먹었으며 94세까지 장수하였다. 중국 사람들은 특별히 양파를 많이 먹는다.

미국의 초대 대통령 조지 워싱턴(G. Washington, 1732~1799)도 양파를 무척 좋아하였다고 한다. 미국은 현재 세계 제1위 양파 생산국이 되었다. 우리나라도 강한 나라가 되려면 양파를 건강식품으로 많이 먹어야 할 것 같다.

고대 역사학자 헤로도토스(Herodotos, BC 484~425)는 '피라미드' 건설 노동자들이 양파를 스태미나 식품으로 먹었다고 하였다. 2톤 무게의 돌 230만개를 옮겨 피라미드를 건설한데에는 양파 식품이 일조하였다는 것이다. 『구약성경(민수기 11:5)』에도 이스라엘 백성들이 이집트를 탈출하여 광야에서 가장 먹고 싶어 했다는 식품에 양파가 포함되어 있다. 이스라엘 백성들이 값없이 양파를

양파 (아시아볼, 아시아종묘)

양파 (홍반장, 농우바이오)

먹었다는 것은 그들이 이집트에 살 때에 양파를 재배하였다는 것을 의미한다. 그리스의 알렉산더(BC. 336~323) 왕이 대제국을 이룩하는 데에도 군사들이 양파를 많이 먹어 막강한 군대가 되었기 때문이라는 것이다.

양파의 효능과 독특한 냄새

　Bill Laws(김소정 역, 2005)의 『진기한 야채의 역사(The Curious History of Vegetables)』에 따르면 양파는 껍질이 두꺼우면 견디기 힘든 겨울이 다가온다는 예언자 역할을 한다. 영어로 'Know your Onions'라고 하면 세상물정에 밝다는 뜻이다. 양파는 세상에서 가장 오래된 채소 중 하나이다.

　양파의 효능에 대하여 신준우(2010)의 『성인병 관리비법』에 따르면 첫째, 양파는 동맥경화, 고혈압, 심장병 등 순환기계 질병의 예방과 치료에 뛰어난 효과가 있다. 둘째, 양파에는 정상세포가 암세포로 변화하는 것을 저지하는 유황화합물이 고농도로 함유되어 있어. 해독효소를 활성화하여 항산화 작용을 도우며 위암 등 발암물질을 억제하는 항암작용을 한다.

　셋째, 양파에는 인슐린 분비를 촉진하여 혈당치를 내리게 하는 효능이 있어 당뇨병에 좋은 식품이다. 이밖에 양파는 피로회복과 스트레스 해소에 도움을 주며 강정(强精), 이뇨(利尿) 등에도 효과가 있다.

　양파는 유화 알린 성분에서 독특한 냄새가 난다. 양파의 휘발성 화합물이 눈물

양파 (스피드업, 아시아종묘)

붉은 양파 절단면 (이정명)

이 나도록 톡 쏘는 기체를 발산한다. 이로 인하여 미국의 일리노이주(하츠버그)에서는 영화관에서 양파를 먹는 행위를 금하고 있다. 특히 미네소타주(알렉산드리아)에서는 남편의 입에서 양파, 마늘 냄새가 나면 아내와 성관계를 못하게 정해져 있다. 이밖에 양파를 과다하게 많이 먹으면 소화기능의 장애 등 부작용이 있을 수 있으므로 한 번에 양파를 반개 이상은 먹지 않는 것이 좋다.

붉은 양파

재배적 특성

양파는 백합과의 2년생 비늘줄기 채소이다. 원산지는 지중해 연안 또는 서부아시아이다. 양파는 수천 년 전 이전부터 재배된 가장 오래된 작물 중의 하나이다. 그러나 우리나라에 양파가 들어온 것은 미국, 일본 등에서 조선 말기에 들어온 것으로 추정하며 재배역사가 길지 않다.

양파의 생육 적온은 15~25℃이다. 알맞은 토양은 토심이 깊고 배수가 잘되는 사양토, 식토이다. 토양 산도는 pH 6.3~7.3 정도이다. 잎은 원기둥 모양이며 속이 비어있다. 꽃은 9월에 흰색으로 피고 잎 사이에서 나온 꽃줄기 끝에 작은 꽃이 많이 모여 공 모양이 된다.

붉은 양파의 식물체 (이정명)

우리나라 양파 주산지는 무안이며 총 생산량의 20% 정도라고 한다. 창녕, 제천 지역에서도 생산량이 증가되고 있으며 매년 양파축제도 벌리고 있다. 세계적으로 하와이(Maui), 스위스(Bern), 이태리(Isernia), 독일(Bayern) 등의 양파축제가 유명하다.

양파(onion)는 이집트에서 제1~2왕조시대(BC 2636~2181)의 무덤벽화에서 발견될 정도로 오래 전부터 재배된 식물이다.

약리적 효능을 지닌 산성식품 파

Bunching Onion

- 과명: 백합과
- 학명: *Allium fistulosum* L.
- 한자명: 蔥, 大蔥, 蔥白, 靑蔥, 葉蔥
- 영명: welsh onion, bunching onion
- 일본명: ネギ, ハネギ
- 원산지: 아시아의 중국 서부, 시베리아

파 (아시아장열)

이름

파는 대파, 외대파, 굵은 파라고 부르며 한자어 총(蔥)에서 유래하였다. 한자명에는 식물체가 크다는 의미로 大蔥, 뿌리가 흰색이라는 뜻으로 蔥白, 잎이 푸르다하여 靑蔥이라 하며 잎을 상징하여 葉蔥이라고도 부른다. 영명은 웨일즈 양파라는 뜻으로 welsh onion이다. 그러나 양파를 뜻하는 onion 앞의 welsh는 영국의 웨일스가 아니라 독일어 벨시(welsch)의 변형이라는 주장도 있다. '오니온'은 라틴어의 단일(unio)이라는 뜻으로 비늘줄기(鱗莖)가 분리되지 않고 하나의 둥근 모양을 하고 있다는 뜻이 있다. bunching onion, spring onion 이라고도 한다. 일본 이름은 네기(ネギ), 하네기(ハネギ)라고 한다.

학명은 *Allium fistulosum* L. 이다. 여기에서 속명 '알리움'은 라틴어의 맵다(alere) 또는 켈트어의 뜨겁다(all)에서 유래하며 분비물질이 눈을 강하게 자극한다는 뜻이 있다.

약리적 효능을 지닌 건강식품

우리나라의 파 재배 역사는 고려 이전에 중국에서 들어와 재배된 것으로 추정되고 있다. 파는 비늘줄기 채소로 맵고 따뜻한 성질(辛溫)이 있으며 독특한 향이 있어 조리 및 건강식품으로 널리 쓰이고 있다.

파의 식품가치와 이용에 대하여 이정명 교수(2013) 등의 『채소학 각론』에 따르면 파는 다른 채소와 달리 산성식품이며 칼슘, 인, 철분 등의 무기질과 비타민 A, C가 풍부하다. 파의 자극성 냄새는 황화알릴(allylsulfide)과 알리인(alliin) 성분에 의해 생기며, 이러한 성분이 약리적 효능이 있다.

이밖에 이연월 교수의 『한방 자료』에는 파는 심장과 위, 간의 기능을 튼튼하게 하며, 비타민의 흡수를 돕고, 위액 분비를 촉진시켜 소화가 잘 되게 한다. 혈관을 좋아지게 하고, 신경의 흥분을 가라앉히며, 통증을 완화시킨다. 출혈을 멎게 하며, 항암, 살충, 소염 등의 효능도 있다. 이밖에 고혈압, 동맥경화, 당뇨, 신경통 등의 예방과 치료에 도움이 된다.

중국(明나라) 이시진의 『본초강목』에는 뼈마디가 저린 것(風濕)과 온몸의 나쁜 기운(邪氣)을 제거하며, 마비 증상과 탈장(脫腸)을 치료한다. 여성의 하혈에 효능이 있고, 젖을 잘 나오게 하며, 유방이 뭉쳐지는 것을 풀어준다. 그리고 귀의 질환(耳鳴)을 치료한다. 따라서 파는 산성식품이기는 하지만 체력의 강화와 노화방지 등에 도움을 준다.

파의 이식

파 잎

자연식생활연구회(2012)의『동의보감 음식궁합』에 따르면, 파는 어혈을 풀어주고 감기에 탁월한 효능이 있다. 양기를 소통하게하고 땀을 잘 나게 하여 먹으면 보약이 되는 식품이다. 그러나 기가 허약해서 땀을 많이 흘리는 경우에는 피해야한다. 꿀, 대추, 개고기 등과 함께 먹는 것은 좋지 않다.

파는 동양에서, 양파는 서양에서 먼저 재배되었다.

파의 원산지는 중국으로 알려져 있으며 기원전부터 재배된 식물이다.

『구약성경(민수기)』의 한글번역에도 이스라엘 백성이 애굽을 탈출하여 광야에서 먹고 싶어 했던 식물 중에 파에 관한 기록이 있다.

- 우리가 애굽에 있을 때에는 값없이 생선과 오이와 수박과 부추와 파와 마늘을 먹은 것이 생각나거늘 (민수기 11:5) -

그러나 한글로 번역된 이 '파'는 '양파'의 잘못된 번역으로 개역되어야 한다는 주장이 있다. 구약 시대 이집트에는 양파는 재배되었으나, 파는 재배되지 않았다. 이스라엘 히브리 대학의 조하리(M. Zohary) 교수(1986)는『성서의 식물』에서 양파는 고대 애굽에 BC 3200년경부터 알려져 있으며, 양파는 비늘줄기 채소로 껍질이 포개지고 밑동에 살이 많아서 둥근 것이라 표현하였다. 히브리어의 '바짤'이란 파가 아니라 양파를 뜻한다.

파 재배전경

파 꽃대

재배적 특성 파는 백합과의 한해 또는 여러해살이 비늘줄기 채소이다. 일반적으로 파(A. *fistulosum*), 양파(A. *cepa*), 쪽파(A. *ascalonicum*)를 혼동하는 경우가 있다. 파는 동양에서 오래전에 재배되어 본명을 파(蔥, ネギ)라고 한다. 양파는 서양에서 늦게 들어와 첨가된 이름(洋蔥, タマネギ)이 되었다. 반대로 서양에서는 양파가 파보다 먼저 재배되어 본명이 양파(onion)이고, 파는 고유명사가 첨가된 이름(welsh onion)이 되었다. 쪽파는 골파라고도 부르며 다른 이름(慈蔥, shallot, ワケギ)으로 구별되고 있다.

파의 생육 적온은 15~20°C 이다. 따뜻한 기후에서 잘 자라지만 저온에도 강하여 0°C에도 피해가 없다. 재배에 알맞은 토양은 토심이 깊고 배수가 잘되는 사양토이다. 토양산도는 pH 5.7~7.4 범위에서 정상적으로 생육한다. 잎은 끝이 뾰족한 통 모양이고 꽃은 6~7월에 흰색으로 피고 꽃줄기 끝에 많이 모여 달리며 종자는 9월에 익는다.

파 (흑금성, 농우바이오)

파를 썰면 최루물질(催淚物質)이 나오는데 이는 휘발성인 '알릴프로피온(allylpropion)' 성분 때문이다.

파 재배에 관한 고전으로 강희맹(1424~1483)은 『사시찬요(四時纂要)』에서 2월에 파 씨를 좁쌀 태운 것과 함께 고루 섞는다. 조를 섞지 않으면 종자가 고루 뿌려지지 않는다'라고 기록하였다.

허균(1569~1618)의 『한정록(閑情錄)』에는 파를 이식할 때에 '8월 하순에 쓸데없는 잔뿌리를 말끔하게 끊어 버리고 심고서 돼지 똥이나 닭똥, 오리 똥을 거친 겨와 섞어 북을 준다.

유료(油料)작물에서 쌈 채소가 된 잎들깨

잎들깨

Perilla

- 과명: 꿀풀과
- 학명: *Perilla frutescens* Brit.
- 한자명: 荏, 野荏, 荏蘇子, 白蘇, 蘇麻
- 영명: perilla
- 일본명: エゴマ, ジウネ, ジウネン
- 원산지: 동부아시아 인도, 중국, 한국 등

이름

들깨의 이름은 유료작물(油料作物)로 공통점이 있는 한자명을 풀이하여 '참깨(眞荏)'라는 상대적 이름으로 '들깨(野荏)'라는 이름이 유래된 것으로 추정된다. 그러나 식물학적으로는 참깨는 참깨과에 속하고, 들깨는 꿀풀과에 속하여 다르게 분류하고 있다.

들깨의 한자명은 임(荏), 야임(野荏), 임소자(荏蘇子), 백소(白蘇), 소마(蘇麻) 등이 있다. 영명은 보통 'perilla'라고 하지만 잎을 수확하려 할 때는 'leaf perilla'라고 한다. 일본 이름은 참깨(ゴマ)와 비유하여 들깨라는 뜻으로 에고마(エゴマ 또는 ジウネ, ジウネン)이다.

학명은 *Perilla frutescens* Brit. 이다. 여기에서 속명 '페릴라'는 인도 동부지방의 지명에서 비롯되었다.

베타카로틴이 풍부하고 동맥경화를 예방하는 들깻잎

들깻잎은 건강식품으로 뿐 아니라 향기와 모양이 좋아 쌈 채소로 좋은 평가를 받고 있다. 그리고 깻잎절임, 부침, 나물, 장아찌 등 식품재로 쓰인다.

잎들깨의 영양학적 가치와 효능에 대하여 『농촌진흥청 자료』 등을 중심으로 살펴보면, 첫째, 들깻잎의 가식부분 100g당 칼슘은 211 mg 정도 함유되어 있고, 비타민류의 베타카로틴은 9,145 ug 으로 부추의 105배 정도 많아 다른 채소류 보다 월등히 높다. 이는 들깨 잎을 먹게 되면 동맥경화, 고지혈증, 고혈압, 치매 등의 예방에 효능이 있다는 것을 의미한다.

둘째, 잎들깨의 성분분석 결과에 따르면 마른 깻잎 1g에 로즈마린산 (rosmarinic acid) 성분이 76 mg로 다량 함유되었다. 따라서 깻잎을 먹으면 항균, 항염증, 항산화 활성 등의 효능이 있고, 뇌신경의 보호와 뇌세포 대사 기능을 촉진하여 기억력 감퇴를 예방하고, 스트레스를 줄여주며, 치매예방에 도움이 된다. 하루에 들깻잎 5장 정도만 생으로 먹어도 효과가 있다.

『조선왕조실록』에 기록된 들깨 이야기

들깨에 관한 역사적 이야기는 『조선왕조실록』에 23차례나 수록되어 있다. 옛 날에는 들깨가 우선 왕실에 바치는 조세(租稅) 품목으로 되어 있었다. 그리고 들깨는 중국과 일본 등 국제간의 우호와 협력을 다지는 데에 이바지 하였다. 이밖에 들깨는 관리(官吏)와 백성들 사이에 뇌물로 거래되는 부정행위의 수단이 되기도 하였다. 이상과 같은 내용에 대하여 대표적인 사례를 살펴보면 다음과 같다.

강일동 텃밭에 자라는 잎들깨

적삼 잎들깨

첫째, 조세와 관련된 내용으로 『조선왕조실록(세종, 1448. 9. 27)』에 의하면 흉년이 들어 다른 곡식은 전세(田稅)를 감하여 주었지만 들깨는 여전히 조세의 품목으로 정해 놓았다. 그 결과 성종(成宗) 때(1473. 4. 10)에는 왕실에서 들깨를 너무 많이 거두어 들여 비축된 들깨가 묵어 변질될 우려가 있다는 호조(戶曹)의 요청으로 1년간 조세를 유예한 사실도 있다.

― *荏子所蓄甚多 若又收納, 恐陳腐不可用 請減* ―
(임자소축심다 약우수납 공진부불가용 청감)

둘째, 들깨는 국제간 우호와 협력을 다지는데 이바지하였다.『조선왕조실록(세조, 1461. 4. 22)』에 따르면 일본국 대마주 태수 종성직(宗成職)에게 부의(賻儀)로 모시 10필을 비롯하여 들깨 30말(斗)을 보내어 위로한 사례가 있다.

― *日本國對馬州太守 宗成職母死 遣宣慰* ―
(일본국대마주태수 종성직모사 견의위)

셋째, 들깨가 부정행위 수단이 되기도 하였다. 『조선왕조실록(세종, 1446. 4. 15)』에 수원부사 이흥상(李興商)은 들깨를 백성들로부터 거두어 20여말(斗)을 포대에 담아 서울 자기 집에 부정하게 보냈다가 적발되어 징계를 받은 사례가 있다. 성종(成宗)때(1477. 2. 29)에는 윤근(尹槿)이라는 기관(記官)이 부원군

들깨 꽃

소엽 (조유성)

김질(金礩)에게 뇌물로 들깨 2곡(斛)을 주었다가 적발되어 치죄(治罪)되었으나 왕의 배려로 면책 받았다. 이밖에도 1479년 1월 8일에는 수원부사 남칭(南偁)이 아전의 노역(勞役)을 면하여주고 그 대가로 들깨를 받은 죄로 의금부에서 불려가 매 60대를 맞고 관직도 1급 강등된 사례가 있다. 옛날의 공직자 비리 정도를 오늘날의 공직자 부정행위를 대비하여 볼 때 참으로 엄청난 차이가 있어 격세지감(隔世之感)이 든다.
- 府使南偁 除役 濫收荏子罪 杖六十贖奪 -
(부사남칭 제역람수임자죄 장육십속탈)

들깨의 식물체

재배적 특성

들깨는 꿀풀과에 속하는 1년생 초본식물로 원산지는 인도와 중국 등이다. 우리나라에서도 옛날부터 들깨에서 기름을 얻기 위하여 재배되었다. 그러나 최근 여러 가지 대체 식용유가 다량으로 생산되고, 식생활이 개선되어 들깨가 쌈 채소로 더 많이 이용되면서 재배방식도 달라졌다.

들깨는 단일성(短日性) 식물의 특성 때문에 해가 짧아지는 9월쯤 되면 흰색 꽃이 핀다. 그리고 꽃이 피면 새로운 잎은 더 이상 나오지 않아 들깻잎 생산은 불가능하다. 따라서 충남 금산과 경남 밀양 등 잎들깨 주산지에서는 해가 길어지는 장일성(長日性) 상태를 인공으로 유지하고자 밤중에 들깨 하우스에 전등불을 밝히는 드라마를 연출하고 있다. 꽃이 피지 못하도록 어둔 밤 시간을 줄여 잎만 나오도록 기술적인 재배법이 적용되고 있다.

들깨의 생육 적온은 15~25°C이다. 그러나 17°C 이하이면 생육이 떨어지고 7~8°C 이하에서는 저온 피해를 입게 되며 특히 서리에 약하다. 고온일수록 생장속도가 빠르다. 알맞은 토양 조건은 양토나 사질양토가 적당하며, 토양산도는 pH 6.0 정도로 약산성 또는 중성이 좋다. 비료분을 흡수하는 힘도 강한 식물이다.

제5장
콩과 및 기타 식물 이야기

232 · 중국의 서태후가 즐겨 먹었다는 **강낭콩**
236 · 꽃이 진후 땅속에서 열매를 맺는 **땅콩**
240 · 멘델의 유전법칙을 창출한 **완두**
244 · 양질의 단백질 건강식품 **콩**
248 · 빵과 죽의 재료 등으로 쓰이는 **팥**
254 · 1764년 일본에서 들여 온 건강식품 **고구마**
258 · 세계3대 식량 작물의 하나 **단옥수수**
262 · 비타민 C가 사과의 10배 들어있는 **딸기**
266 · 자양·강장의 건강식품 **마**
270 · 독특한 매운 맛과 향기를 내는 **생강**
274 · 칼슘 성분이 풍부한 동양적 채소 **아욱**
278 · 옹골지고 실속이 있다는 **토란**

콩과식물

232 강낭콩　236 땅콩　240 완두　244 콩　248 팥

<이태조가 이색에게 보낸 글>

賜豆肉曰卿己老矣
宣復豆肉以養體氣

祝瑞菴申昊哲仁兄 出版記念
南江 宋河徹 書

(사두육왈 경기노여 의복두육 이양체기)

— 조선왕조실록 중에서 —

콩과 고기를 하사하며 이르기를
'경은 이미 늙었으니 다시
콩과 고기 등을 먹고 건강을 유지하라'

(본문 p.246 참조)

출처 : 타조실록, 1395. 12. 8
글씨 : 南江 宋河徹

◀ 검은콩, 강낭콩, 팥

중국의 서태후가 즐겨 먹었다는 강낭콩

Kidney Bean

- 과명: 콩과
- 학명: *Phaseolus vulgaris* L.
- 한자명: 菜豆, 四季豆, 雲豆, 花雲豆
- 영명: kidney bean, snap bean
- 일본명: インゲンマメ, フロウ
- 원산지: 중앙아메리카의 멕시코 등

강낭콩

이름

강낭콩의 원산지는 멕시코 등 중남미 이며, 아메리카 대륙에서 오래 전부터 재배되었다. 우리나라는 18~19세기경 중국의 남쪽 지방을 경유하여 전래된 콩이라 하여 '강남(江南)콩' 이라 부르다가 한글맞춤법의 개정(1988)에 따라 '강낭콩' 이라는 표준화된 이름이 되었다.

한자명은 채소라는 채(菜)와 콩 두(豆)자를 합하여 '菜豆' 라고 한다. 雲豆, 花雲豆, 四季豆 등 이름도 있다.

영명은 씨(種實)의 모양이 인체의 콩팥(腎臟)을 닮아 'kidney bean' 이라 한다. 씨를 식용할 때는 'field bean', 풋콩으로 먹으면 'garden bean' 이 된다. 그리고 풋 꼬투리로 식용 할 때는 'snap bean', 풋 씨를 식용하면 'green shell bean' 이 된다. 이밖에 common bean, french bean 등 다양한 이름이 있다. 일본 이름은 채두라는 뜻으로 '인겐마메(インゲンマメ)' 또는 푸로우(フロウ)' 등 이름도 있다.

학명은 *Phaseolus vulgaris* L. 이다. 여기에서 속명 '파세울루스' 는 그리스어의 '작은 배'라는 뜻으로 꼬투리 모양이 '카누'를 닮았다하여 비롯되었다. 종명 '불가리스'는 보통이라는 의미가 있다.

중국의 서태후가 즐겨 먹었다는 강낭콩

강낭콩은 여름철에 부족하기 쉬운 단백질 등을 보충하는 웰빙(well-being)식품이다. 영양가가 풍부하고 맛이 좋아 밥밑콩과 풋콩으로 아주 좋은 식품이다.

중국(淸나라)의 서태후(西太后, 1835~1908)는 강낭콩을 즐겨 먹었다고 한다. 미국의 토머스 제퍼슨 대통령(1743~1826)도 몬티셀로(Monticello)에 27가지 강낭콩 품종을 재배하여 즐겨 먹었다.

강낭콩의 영양적 가치에 대하여 농촌진흥청의 『국립원예특작과학원 자료』에 따르면 종실에는 탄수화물이 56~61%, 단백질이 21~39% 정도 함유되어 있다. 그리고 녹색의 풋 꼬투리에는 탄수화물이 63%, 단백질이 6.2% 정도 들어 있다.

강낭콩의 효능에 대하여 김태윤 한의사에 따르면, 강낭콩은 내장의 조화가 이뤄지도록 도와주고, 비장을 튼튼하게 하며, 신장에도 좋다. 자양, 해열, 이뇨 등에 효과가 있다.

강낭콩에 들어있는 아미노산이 에너지의 생성을 촉진시키고 기(氣)를 높여준다. 아스파라긴(asparagin)산은 피로 회복에 도움을 주며, 베타카로틴(beta-carotene)은 체내에서 비타민 A로 바뀌어 피부 점막을 건강하게 유지시키므로

강낭콩 꽃

강낭콩 풋열매

암 예방과 피부 미용 등에 효능이 있다.

식품의 효능을 인체의 해부학적 구조와 연관시켜 생각하는 경우도 있다. 예컨대 콩팥을 닮은 강낭콩은 신장과 비뇨기 질환 치료에 도움이 된다는 것이다. 유사한 내용으로 쪼글쪼글하고 복잡하게 생긴 '호두 알맹이'는 뇌의 모양을 닮아 두통 치료에 효과가 있다는 것이다.

유태종(2012)의 『음식궁합』에 따르면 강낭콩에는 단백질로 글로불린이 많아 단백가를 올릴

수 있는 좋은 처방이 된다, 호박과 강낭콩을 함께 물을 붓고 삶아내어, 다시 쌀가루와 반죽하여 끓인 후 범벅을 만들어 먹으면 좋은 궁합이 된다. 호박에는 비타민 A의 모체인 베타카로틴이 많고, 강낭콩에는 필수 아미노산으로 라이신, 로이신, 트립토판, 트레오닌이 풍부하여 단백가 상승의 효과가 있다.

번개와 같은 초능력을 지닌 뿌리혹박테리아

강낭콩은 아메리카 대륙에서 발견되었으며 아주 오래전부터 재배되었다. 우리는 강낭콩 등 콩과식물의 특징으로 그 뿌리는 공중 질소(窒素)를 고정하는 능력이 있다고 생각해 왔다.

그러나 콩과 식물이 질소를 고정하는 것이 아니라 그 일을 하는 공생균인 뿌리혹박테리아를 길러주는 인큐베이터(incubator) 역할을 한다. 우리가 호흡하는

강낭콩 어린잎

강일동 텃밭에서 자라는 강낭콩

공기 중에는 78%가 질소이다.

질소는 화학적으로 2개의 분자(N2)로 구성되어 있으며, 이들은 서로 강력하게 접착되어 있어 대기 중에서 이것을 갈라놓을 수 있는 힘은 오직 번개 힘으로나 가능하다. 그런데 이처럼 강력하게 접착된 질소를 미생물인 박테리아는 콩과 식물의 뿌리털 세포벽으로 침입하여 그 안에 살면서 영양을 공급 받고 질소를 고정하는 놀라운 능력을 가지고 있다.

즉, 대기 중의 사용 불가능한 질소를 사용가능한 암모니아 태(NH3)로 바꾸어 콩과 식물에 흡수하게 하므로 서로 공생관계를 유지한다.

강낭콩 수발아 현상

재배적 특성

강낭콩은 콩과에 속하는 1년생 초본식물로 원산지는 중남미의 멕시코 등 이며 채소작물로 분류된다. 세계적 재배면적은 매우 넓으며 인도, 중국, 브라질 등이 주산지로 알려져 있다.

생육 적온은 10~25°C 정도이며, 온난한 기후를 좋아하고, 추위와 30°C 이상의 더위에는 생육이 억제된다. 재배에 알맞은 토양은 배수가 잘되고 보수력이 좋은 식양토이다. 토양산도는 pH 5.5~6.8 정도이며 연작을 싫어한다. 특히 결실기에 습기가 너무 많으면 썩기 쉽고, 꼬투리 안에서 싹이 트는 수발아(穗發芽) 현상이 나타난다.

이밖에 뿌리혹박테리아는 호기성(好氣性)으로 표층부에 많이 생긴다.

재배 시기는 4~5월에 파종하여 6~7월에 수확한다. 재배종은 왜성(bush bean), 덩굴성(pole bean), 중간형 등으로 분류한다. 또한 식물의 부위 또는 생태에 따라서 종실용(種實用), 청실용(靑實用), 꼬투리용(靑果用)으로 구분 한다.

꽃이 진 후 땅속에서 열매를 맺는 땅콩

땅콩

Peanut

- 과명: 콩과
- 학명: *Arachis hypogaea* L.
- 한자명: 落花生, 地豆, 南京豆
- 영명: peanut, earth nut, ground nut
- 일본명: ラッカセイ, ナンキンマメ, ソコマメ
- 원산지: 남미의 브라질, 칠레 등

이름

　땅콩 이름은 열매(씨앗)가 땅속에서 자라 콩처럼 꼬투리를 맺는다 하여 비롯된 이름이다. 꽃이 진 후 암술이 자라나 땅속으로 파고들어 열매가 생기므로 '꽃이 떨어져 열매가 생긴다'는 뜻으로 낙화생(落花生)이라고도 한다.

　한자명에는 땅(地)에서 나는 콩(豆) 이라는 뜻으로 地豆 또는 土豆라 하고, 長生果, 南京豆, 唐人豆, 香豆 라고도 한다.

　영명은 peanut, earth nut, ground nut, grass nut 등 이름이 있다. 'nut'는 열매가 단단한 껍질에 싸여있다는 뜻이다. 일본 이름은 한자명 낙화생에서 비롯되어 라가세이(ラッカセイ), 중국 지명을 인용하여 난긴마메(ナンキンマメ) 또는 소고마메(ソコマメ) 라고 한다.

　학명은 *Arachis hypogaea* L. 이다. 여기에서 속명 '아라키스'는 열매가 땅속에서 생긴다는 뜻이 포함되어 있으며, 종명 '하이포지아'는 지하(地下)라는 뜻으로 'hypogeal' 에서 유래하였다고 한다.

심장병과 당뇨병 등에 좋은 장수식품

땅콩의 식품가치와 효능에 대하여 서명자 교수(1998)의 『약이 되는 좋은 먹거리』 등에 따르면 땅콩은 장수식품으로 심장병을 막아주는 효능이 있으며, 50가지 식품 중 가장 혈당치가 올라가지 않는 식품 중의 하나로 당뇨병이 있는 사람에게 좋은 식품이다.

땅콩에는 필수 지방산인 리놀렌산(linoleic acid) 등 불포화 지방산이 함유되어 고혈압의 원인이 되는 콜레스테롤 수치를 조절하고, 혈관 벽에 눌어붙어 동맥경화를 일으키는 나쁜 콜레스테롤을 감소시키는 효능이 있다. 그리고 땅콩에는 니아신(niacin)이 풍부하여 뇌건강과 혈관에도 좋다.

민간요법으로 노인이 기침을 그치지 않을 때 땅콩을 달여 마시면 심한 기침도 대개 낫는다.

대체로 땅콩은 1주일에 2~4일 먹어야 효과가 있으며, 하루에 25알 정도가 적당하다.

땅콩을 습하게 잘못 보관하면 간암의 원인이 되는 아플라톡신(aflatoxin)이라는 곰팡이 독(毒)이 생기므로 주의를 요한다. 참외와 땅콩을 함께 먹어도 위경련을 일으킬 수도 있으므로 잘 볶은 땅콩을 이용하는 것이 좋다.

이식 1주일후

땅콩 꽃

땅콩의 재배역사와 부럼 깨물기

땅콩이 우리나라에 들어와 재배된 역사적 기록은 이규경(李圭景, 1788~1863)의 『오주연문장전산고(五洲衍文長箋散稿)』에서 찾아볼 수 있다. 여기에는 1778년 이덕무(李德懋)가 중국에서 땅콩 재배법을 배우고 종자를 가져와 재배하였으나 썩어버렸고, 1830년 조장(趙庄)이 땅콩 재배에 비로소 성공하였다.

또한 조선조 후기의 대표적 농서(農書)라 할 수 있는 강희맹(1424~1483)의 『사시찬요(四時纂要)』, 홍만선(1643~1715)의 『산림경제(山林經濟)』 등에 땅콩의 기록이 없는 것으로 미루어 우리나라에서는 17세기 이전에는 재배되지 않았다고 추정할 수 있다.

그 후 영국의 비숍(Isabella B. Bishop, 1831~1904)은 1894년부터 우리나라를 답사하고 『한국과 그 이웃들(Korea and Her Neighbours)』이라는 책에 '한국 사람들은 땅콩을 사서 그것을 입에 넣어 깨물고는 그 알맹이를 뱉어 버린다. 이는 그 해 여름에 나는 종기와 부스럼을 막아주는 풍습이라고 하였다.

'부럼 깨물기'에 대하여 홍석모(洪錫謨, 1781~1857)는 『동국세시기(東國歲時記)』에 정월 대보름 아침에 1년 내내 부스럼이 나지 않고 태평을 염원하는 풍속으로 이를 작절(嚼癤)이라 하고, 이(齒)를 단단하게 하는 방법(固齒之方)이라고 해설하였다.

따라서 땅콩은 1778년을 즈음하여 우리나라에 들어와, 1830년 재배에 성공하

땅콩이 자라는 강일동 텃밭

땅콩 어린잎

였으며, 1894년경에는 전국에 확산 재배되어 생산품이 시중에 유통되고 있었음을 확인 할 수 있다.

재배적 특성

땅콩은 콩과에 속하는 1년생 초본식물로 원산지는 남미의 브라질과 칠레 등이다.

콩과식물의 특성은 뿌리혹박테리아를 이용하여 대기 중의 질소를 질산염이나 아질산염으로 고정시켜 식물이 사용할 수 있도록 한다.

특히 땅콩은 다른 콩과식물과 다르게 꽃이 피어 수정이 되면 씨방의 밑 부분이 길게 자라 땅을 파고 내려가서 누에고치 모양의 꼬투리를 형성하고 열매가 성숙한다.

지상 열매뿌리

땅콩의 생육 적온은 25~27°C 정도로 고온 작물이며 건조에도 비교적 잘 견딘다. 재배에 알맞은 토양은 배수가 잘되고 유기질을 함유한 사질양토이고, 토양산도는 pH 5.5~6.8 정도 범위에서 잘 자라며, 연작을 싫어한다. 땅콩의 재배 시기는 4~5월 파종(아주심기) 하여 9~10월에 수확한다.

땅콩은 현재 낙동강 연변의 사질토양에서 많이 재배되어, 간식용으로 볶아 먹거나 제과 원료, 식용유의 착유 등으로 소비량이 늘고 있다.

품종개량에 대하여 농촌진흥청(2013. 5. 31)은 '땅콩계의 통일벼'라 할 정도로 신품종(신대광)이 개발되어 ha당 5.4톤 정도를 생산하게 되었다고 발표하였다.

땅콩 뿌리혹

국내 생산도 1980년 대비 226% 증산되어 국민간식으로 건강도 챙기고 소득도 올리는 새로운 계기가 마련되었다.

멘델의 유전법칙을 창출한 완두

완두 (농우바이오)

Pea

- 과명: 콩과
- 학명: *Pisum sativum* L.
- 한자명: 豌豆, 荷蘭豆, 靑小豆, 冷豆
- 영명: pea, garden pea, sweet pea
- 일본명: エンドウ, ブンドウ, ノラマメ
- 원산지: 지중해 연안의 남유럽, 소아시아 등

이름

완두는 한자어의 '豌' 과 콩을 뜻하는 '豆' 가 합성되어 비롯된 이름이다. 여기에 우리말 콩을 더하여 완두콩이라 부르는 경우도 있다. 한자명은 豌 또는 豌豆이다. 중국 서호지역에서 들어와 西胡豆, 또는 胡豆라고 하며 荷蘭豆, 靑小豆, 冷豆 라는 이름도 있다. 영명은 'pea' 또는 'sweet pea' 라고 한다. 풋 완두로 먹으면 'garden pea' 이고 익은 열매를 이용할 때는 'field pea' 라고 한다. 일본 이름은 완두의 한자명을 인용 엔도(エンドウ) 또는 분도(ブンドウ)라고 한다. 별명으로 노라마메(ノラマメ)라고도 한다.

학명은 *Pisum sativum* L. 이다. 여기에서 속명 '피숨' 은 그리스어의 식물명 'pison' 에서 비롯되었으며, 종명 '사티붐' 은 재배종이라는 뜻이 있다.

완두의 효능과 조지 워싱턴 이야기

완두는 건강식품으로 익은 열매는 밥밑콩이나 식품가공에 쓰이고, 풋완두(靑實)와 꼬투리는 채소로 식용되며, 어린순은 나물로 먹는다.

완두의 영양학적 가치와 효능에 관하여 기존에 발표된 자료를 중심으로 살펴보면, 첫째, 완두에 함유되어 있는 단백질 성분인 제니스틴은 암세포의 증식을 억제하고 유해 발암물질이 체내에 쌓이는 것을 막아주는 효능이 있다.

둘째, 완두에 들어 있는 레시틴(lecithin) 성분은 치매 예방과 기억력을 향상하고, 발육기의 어린이 두뇌발달에 도움을 준다.

셋째, 꼬투리에는 비타민 A 등이 풍부하여 시력의 보호 등에 도움을 준다. 이밖에 완두에는 식이섬유가 풍부하여 변비, 동맥경화에 도움을 주고, 혈관을 튼튼하게 하여 고혈압 예방에 도움을 준다. 보통 구미(歐美)인들은 완두를 좋아하며 즐겨 먹는다. 프랑스의 절대 권력자 루이 14세(Louis XIV, 1638~1715)도 완두를 무척 즐겨 먹었다.

미국 초대 대통령 조지 워싱턴(G. Washington, 1732~1799)은 독립전쟁의 장군 시절에 완두로 인하여 독살 될 뻔하였다. 즉 1776년 영국의 암살 지령을 받은 토머스 히키(T. Hickey)는 워싱턴 장군을 독살하려 음모를 꾸미고 워싱턴이 뉴욕에서 동료 장교들과 함께 저녁을 먹을 때 완두요리에 독약을 넣게 하였다. 다행히 이 음모가 발각되어 조지 워싱턴은 죽음을 가까스로 면하게 되었다. 그리고 토머스 히키는 격분한 군중 2만 명 앞에서 교수형에 처해졌다.

멘델이 유전법칙을 창출한 완두

오스트리아의 멘델(G. J. Mendel, 1822~1884)은 완두에서 확실히 유전되는

완두 꼬투리

완두 덩굴손

멘델 (1822~1884)

같은 형질의 키가 큰 것과 작은 것을 비롯하여, 꽃의 색깔이 흰색과 빨간색, 종자의 색깔이 녹색과 노란색, 종자의 모양이 둥근 것과 주름진 것 등 완두를 가지고 15년간(1853~ 1868)의 교배시험을 통하여 최초로 '유전법칙(遺傳法則)'을 창출하였다. 멘델이 이 같은 시험에 성공할 수 있었던 요인은 완두의 특성에서 비롯되었다. 완두는 대립형질이 뚜렷하고, 많은 자손을 생산하며, 타가 및 자가 교배가 가능하였기 때문이다.

멘델은 이 시험에서 완두를 키가 큰 것은 큰 것대로 따로 키우고, 작은 것은 작은 것대로 따로 키워 몇 세대 후에 키가 큰 종자와, 작은 종자를 얻어 서로 교배를 시켜본 결과 키가 큰 종자만을 얻을 수 있었다.

즉 같은 우성(優性)의 부모와 열성(劣性)의 부모 밑에서 태어난 자손(F1)은 모두 우성의 특징을 나타내어 '우열의 법칙'을 발견하게 되었다.

다음으로 F1 자손끼리 교배를 하였더니 가려져 있던 열성의 형질이 다시 나타나 '분리의 법칙'도 알게 되었다. 그리고 완두를 자가 수정하여 다시 키워 보

■ **강일동 시험포 토양분석 결과** (예: 콩)　　위치 : 서울시 강동구 강일동 84번지 교육농장

구 분	pH (1:5)	유기물 (g/kg)	유효인산 (mg/kg)	치환성 양이온(cmol+/kg)			전기전도도 (dS/m)
				칼륨	칼슘	마그네슘	
적정범위	6.5~7.0	20~30	150~250	0.45~0.55	6.0~7.0	2.0~2.5	0.0~2.0
분석치	6.0	25	811	0.85	6.2	1.4	0.9

자료: 서울시농업기술센터(2013. 9. 3)

니 키가 큰 것과 작은 것의 비율이 3대 1로 나타나 '독립의 법칙'을 확인하게 되었다.

멘델은 이를 모두 종합하여 1865년 논문으로 발표하였는데 처음에는 주목받지 못하였다. 그러나 그가 죽은 뒤 40년이 지나서야 비로소 독일의 코렌스(C. Correns), 오스트리아의 체르마크(E. V. Tsche rmak). 네덜란드의 드브리스(de Vries) 등 과학자들의 연구에서 다시 이 같은 사실을 재발견하여 유전학의 효시라 할 수 있는 유전법칙을 정립하게 되었다.

강일동 텃밭의 완두 새싹

재배적 특성

완두는 콩과에 속하는 1~2년생 초본식물로 원산지는 지중해 연안의 유럽 남부 등이다. 기원전 7,000년 전부터 재배되어 세계에서 가장 오래된 채소이다.

스리랑 완두

우리나라에는 중국에서 전파된 것으로 추정하고 있다. 그러나 아직도 육종 기반이 열악하여 외국 품종을 도입하여 재배하는 경향에 있다.

생육 적온은 20~26°C 정도이며, 콩과 식물중 내한성이 강한 호냉성 채소이다. 재배에 알맞은 토양은 사양토, 양토 등이며 적정한 토양산도는 pH 6.5~8 정도이다. 꽃은 백색 또는 분홍색이며, 뿌리는 직근성(直根性)으로 매우 깊이 자라 내려간다. 그리고 뿌리혹박테리아와 공생하며 공중질소를 고정한다. 완두의 재배시기는 보통 아주 이른 봄에 파종하고 꽃이 핀 다음 2주 정도 지나 수확하기 시작한다.

허균(1569~1618)의 『한정록(閑情錄)』에 의하면 '모든 콩들 가운데 오직 이 완두만이 오래 묵어도 좀먹지 않고, 또 수량도 많고, 일찍 익는다.' 재배 품종들은 초형에 따라 덩굴성과 직립하는 왜성으로 분류된다.

양질의 단백질 건강식품 콩

Soybean

- 과명: 콩과
- 학명: *Glycine max* Merr.
- 한자명: 大豆, 菽, 戎太, 元豆
- 영명: soybean, soya bean
- 일본명: ダイズ, マメ, ミソマメ, トウフマメ
- 원산지: 아시아의 중국 등

검정콩

이름

콩이라는 이름은 예로부터 전해지는 우리말 이름이다. 식용하는 용도에 따라 밥밑콩, 장류콩, 콩나물콩, 두부콩, 풋콩(靑刈), 쌈콩(청엽콩) 등으로 분류된다. 열매의 빛깔에 따라 검정콩(黑大豆, 黑太), 누렁콩(黃太), 푸르대콩(靑太) 등으로도 구분한다.

한자명은 大豆, 菽, 戎太, 元豆, 黃豆, 豆子 등이 있다. 영명은 'soybean', 'soya bean'이라 한다. 일본 이름은 한자명 대두에서 비롯된 다이즈(ダイズ)라고 한다. 마메(マメ), 미소마메(ミソマメ), 도우후마메(トウフマメ)라고도 한다.

학명은 *Glycine max* Merr. 이다. 여기에서 속명 '그리신'은 단백질을 의미하고, 종명 '맥스'는 러시아의 식물학자 맥시모비치(Maximowicz) 이름에서 비롯되었다.

콩의 영양학적 가치와 효능

콩은 단백질, 지방질 등이 풍부한 건강식품으로 각종 질병 예방에 도움을 주는

건강식품이다. 서명자 교수의 『약이 되는 좋은 먹거리』 등 여러 기록들을 요약해 보면,

첫째, 콩은 우리나라의 5가지 주요 곡식의 하나로 쌀을 주식으로 하는 우리에게 부족한 단백질과 지방질을 공급해 주는 좋은 식품이다. 특히 콩을 먹음으로 쌀에서 부족한 라이신(lycine)이라는 필수 아미노산을 보충하여 준다.

둘째, 콩은 각종 질병예방에 도움을 주는 기능성 건강식품이다. 콩에 풍부하게 들어있는 이소플라본(isoflavon)성분은 항암효과 뿐 아니라 심장질환, 골다공증, 신장 등의 질환에 탁월한 예방효과가 있다.

셋째, 콩에 들어있는 단백질과 지방질은 콜레스테를 수치를 낮추어주는 효능이 있다. 이소플라본 성분은 여성 호르몬 에스트로겐(estrogen)과 유사하여 갱년기 여성의 각종 질병 예방에 효과가 있다. 특히 검정콩에 들어있는 안토시아닌(anthocyanin)성분은 혈액순환을 원활하게 하고, 항산화 작용을 통하여 노화 예방에도 도움을 준다.

역사 속에 기록된 콩 이야기

어리석고 못난 사람을 '숙맥'이라고 한다. 여기에 '숙(菽)'은 콩을 의미하고, '맥(麥)'은 보리를 의미한다. 콩인지? 보리인지? 구별하지 못한다는 뜻의 '숙맥불변(菽麥不辨)'의 준말이다.

흰콩

강일동 텃밭에 파종한 콩 새싹

우리나라 콩 재배 역사는 삼국시대 초기(BC 1세기) 또는 그 이전으로 추정하고 있다.『삼국사기』에 따르면 신라 신문왕(神文王)은 김흠운(金欽運)의 딸을 왕비로 삼고자 할 때에 예물을 보냈는데 그 품목에 장(醬)과 메주(豉)가 포함되어 있다. 이는 삼국시대에 이미 콩을 원료로 가공된 식품이 있었다는 것을 의미한다.

— *金欽運少女爲夫人 納采米油密醬* (김흠운소녀위부인 납채미유밀장) —

콩은 영양가가 풍부하여 '밭에서 나는 고기'라는 말이 있다.『조선왕조실록(태조, 1395. 12. 8)』에 의하면 이태조는 고려 말의 대학자 이색(李穡, 牧隱)에게 '경은 이미 늙었으니 건강을 유지하라' 하면서 고기를 보내주었다. 이때 이색은 '저는 불교를 신봉하므로 고기를 먹지 않습니다' 라고 답하였다. 그러자 고기 대신 콩을 보냈다는 내용이다.

— *卿已老矣 以養體氣 故有米豆* (경기노여 이양체기 고유미두) —

그 이전에도 태조는 노인을 공경하는 뜻으로 김인보(金仁甫) 등 부모에게 쌀과 콩 100석을 하사한 기록이 있다(태조실록, 1393. 12. 9).

『조선왕조실록』에 기록된 역대의 임금 중 세곡(稅穀)으로 거둬들인 쌀과 콩을 백성에게 하사한 사례는 많이 있다. 이를테면 정조는 관동(關東)지방에 흉년이

콩 성장중

콩 꽃

들어 백성이 곤궁하므로 콩 1,000석을 하사하였다(정조실록, 1776. 12. 26). 단종은 영월에 사는 김수(金守)의 아내가 3쌍둥이 아들을 낳으니 콩 7석을 하사하였으며 (단종실록, 1452. 11. 18). 성종은 경기(광주)에 사는 김윤동(金閏同)의 아내가 3쌍둥이를 낳아 쌀과 콩을 보내 주었다.(성종실록, 1470. 3. 14).

동부 꽃 (조유성)

세종은 노련한 역관 오진(吳眞)을 치하하며 콩을 하사하고, 어가(御駕)를 수행한 자에게 말 먹이로 콩을 하사한 사례도 있다(세종실록, 1419. 1. 20).

콩에 관한 기록은 『구약성서(에스겔 4: 9)』에도 '너는 밀과 보리와 콩과 팥과 조와 귀리를 가져다가 한 그릇에 담고 떡을 만들어 먹되' 라고 하였다.

녹두 꽃 (조유성)

재배적 특성

콩은 콩과에 속하는 1년생 초본식물로 원산지는 중국 등이며, 한국과 일본에 분포한다. 미국은 콩을 많이 재배하는 나라이지만 동양에서 수입하여 19세기에 널리 전파하므로 세계적 콩 주산지가 되었다. 콩의 생육 적온은 25~30°C 정도이다. 콩은 뿌리혹박테리아(根瘤菌)의 공중 질소 고정 작용으로 지력을 별로 소모하지 않는 식물이다. 콩은 희거나 불그레한 나비 모양의 꽃이 피고 가는 털이 있는 꼬투리를 맺는다.

콩의 재배시기와 용도에 대하여 허균(1569~ 1613)은 『한정록(閑情錄)』에서 3~4월에 심고, 호미로 잡초를 말끔히 제거한다. 콩은 장을 담글 수 있고 두부를 만들 수 있으며, 그 콩깍지는 말을 먹이기에 좋다. 라고 기록되었다.

빵과 죽의 재료 등으로 쓰이는 팥

팥

Red Bean

- 과명: 콩과
- 학명: *Phaseolus angularis* Wight
- 한자명: 小豆, 赤小豆, 紅豆, 赤豆
- 영명: adzuki bean, small red bean
- 일본명: アズキ, ショウズ
- 원산지: 아시아의 중국, 인도 등

이름

팥의 우리말 이름은 반두(飯豆)에서 소리음이 변하여 '팟'이 되고, 다시 오늘 날의 '팥'으로 정착되었다.

한자명은 小豆이며 콩(大豆)보다 작다는 뜻이 있다. 종자의 색깔이 붉어 赤小豆, 紅豆, 赤豆라는 이름도 있다.

영명은 adzuki bean으로 일명의 팥에서 비롯되었다. small red bean 이라고도 한다. 일본 이름은 아즈기(アズキ). 쇼우즈(ショウズ)라고 한다.

학명은 *Phaseolus angularis* Wight 이다. 여기에서 속명 '파세울루스'는 그리스어의 '작은 배' 라는 뜻으로 꼬투리 모양이 카누를 닮았다하여 비롯되었다.

영양 보충과 해독성 효능이 있는 팥

팥은 예로부터 독특한 맛과 붉은 색으로 인하여 주술적 의미와 영양을 보충하는 건강식품으로 이용되어 왔다.

팥의 효능에 대하여 자연식생활연구회(2012)의 『동의보감 음식궁합』에 따르면 팥은 성질이 약간 차며, 기운을 아래로 끌어내리는 작용이 있어 몸속의 물을 잘 유통시켜주고, 소변을 잘 배설하게 한다. 따라서 몸이 붓거나 배가 더부룩하고 불러 있는 병증 등을 치료하는데 쓴다. 또 신장이나 요로결석의 치료에도 사용된다. 산모의 젖을 잘 나오게 하는 효능도 있는데, 산모에게 찹쌀과 함께 죽을 끓여 먹이면 좋다. 팥은 해독 효능이 있어 연탄가스 등으로 인한 중독증에도 쓰였다. 이밖에도 구토를 치료하고 갈증을 풀어준다. 열을 식혀 주기 때문에 숙취 해소에 좋고, 과음으로 생긴 당뇨병(酒渴)에도 효과가 있다.

팥에 얽힌 교훈적 이야기들

팥에 관련한 교훈적인 몇 가지 이야기들을 살펴보면 다음과 같다. 첫째, 우리 속담에 '콩 심은데 콩 나고 팥 심은데 팥 난다' 는 말이 있다. 이 속담은 모든 일이 원인(原因)에 따라서 결과(結果)가 주어진다는 의미가 있다. 따라서 텃밭 농사에서도 좋은 품종의 씨앗을 뿌려야 좋은 결실을 얻을 수 있다. 나쁜 씨앗을 심어 놓고 좋은 결과를 기대하는 것은 어리석은 짓이다. 우리는 이같은 기본적이면서도 간단한 원리를 망각할 때가 있다. 항상 유념하고 교훈으로 삼아야 할 것이다.

둘째, 성경에도 팥 이야기가 등장 한다. 죽을 쑬 때 팥을 사용하였으며 장자권의 명분을 잃고 얻는데 결정적 영향을 주었다. 『구약성경(창세기 25: 34)』에는

팥 풋 꼬투리

텃밭에 자라는 팥

"야곱이 떡과 팥죽을 에서에게 주매 에서가 먹으며 마시고 일어나 갔으니 에서가 장자의 명분을 가볍게 여김이었더라"라고 기록되었다. 형 '에서'는 명분을 가볍게 생각하고, '야곱'은 팥죽(Jacob's red pottage)을 이용하여 장자권(長子權)을 승계 받은 명분과 실익에 관한 이야기이다.

그러나 성경에 '팥'으로 기록된 식물의 정확한 번역은 '렌즈콩(*Lens culinaris, rentil*)' 이다. 지중해 연안에 자라는 이 식물은 우리가 보통 생각하는 팥과는 원산지와 속명을 비롯하여 식물학적으로 잎과 꼬투리 등이 서로 다르다.

셋째, 팥은 우리나라에서 전염병 치료에 쓰였다는 기록이『조선왕조실록(세종실록, 1434. 6. 5)』에 수록되어 있다. 1434년 세종임금 때 전염병을 구료(救療)하는 방법으로 팥을 재료로 하는 '천금방치온병불상염방(千金方治溫病不相染方)'이라는 긴 처방전이 있었다. 내용은 '새 천으로 만든 자루에 붉은 팥 1되를 넣어 샘물에 넣었다가 3일 만에 꺼내어 온 식구가 27알씩 복용한다.'고 기록되었다. 이 처방이 어떤 전염병에 관한 것인지는 자세히 알 수 없으나 '외방의 유행 전염병을 치료하는 방법'으로 육전(六典)에도 실려 있다고 하였다. 관심을 기울여 볼만한 내용이다.

— 新布袋盛赤小豆一升 內井中三日出 擧家服 —
(신포대성적소두 일승내정중삼일출거가복)

덩굴팥 꽃 (조유성)

덩굴팥 꼬투리 (조유성)

재배적 특성

팥은 콩과에 속하는 1년생 초본식물로 원산지는 중국 등으로 우리나라와 일본에도 분포되어 있다. 노란 꽃이 나비모양으로 피고, 가늘고 긴 원통형 꼬투리가 열려 그 속에 5~10개의 씨가 들어 있다. 뿌리의 형태는 콩에 가까우나 뿌리혹의 발달은 콩만 못하다.

파종시 발아적온은 15~16°C 이며 비교적 고온성 작물이므로 생육 기간에는 고온으로 건조하지 않으며, 성숙기에는 맑은 날씨가 계속되는 것이 좋다. 재배에 알맞은 토양은 양토 또는 식토이고, 토양산도는 pH 6.0~6.5 정도이며 산성토양에 저항력이 약하다.

성경에 기록된 팥(렌즈콩)

재배방법에 대하여 허균(1569~1618)의 『한정록』에는 붉은 팥은 음력 3월에 심어서 6월에 따는데 더딘 것은 4월에 심는다. 재배방법은 콩과 같다. 잡초가 나면 자주 제거해주고 드물거나 총총한 것은 알맞게 해주어야 한다. 너무 빽빽하면 열매를 맺지 못한다고 했다.

팥의 품종에 관하여 홍만선(1643~1715)은 『산림경제(山林經濟)』에서 깍지가 희고 열매가 붉으며 눈이 희고 크기가 앵두만한 봄팥(春小豆)을 비롯하여, 근소두(根小豆)가 있다. 또 깍지가 검고 열매는 붉으

팥 새싹

며 눈이 약간 검고 크기가 앵두만한 올팥(早小豆)과 산달이팥(山達伊小豆), 잉동팥(伊應同小豆) 등이 있다고 하였다.

최근에 우리나라에서 육성한 품종에는 폴리페놀 등 항산화 성분이 많이 함유되고 2010년 육성된 조생종 '홍주'을 비롯하여, 중생종으로 2011년에 육성한 '아라리' 품종 등이 있다.

기 타
254 고구마 (메꽃과) 258 단옥수수 (벼과) 262 딸기 (장미과)
266 마 (마과) 270 생강 (생강과) 274 아욱 (아욱과)
278 토란 (천남성과)

<생강의 효능>

薑爲通神明
去穢惡故然
南江 宋河徹書

(강위통신명 거예악고연)
– 조선왕조실록 중에서 –

생강은 정신을 맑게 하고 입에서 나는
나쁜 냄새를 제거한다.

(논문 p.272 참조)

출처 : 중종실록 1544.5.15
글씨 : 南江 宋河徹

◀ 옥수수, 고구마꽃

고구마

1764년 일본에서 들여 온 건강식품

고구마

Sweet Potato

- 과명: 메꽃과
- 학명: *Ipomoea batatas* Lam.
- 한자명: 甘藷, 蕃藷, 南藷, 朱藷
- 영명: sweet potato
- 일본명: サツマイモ, カンショ
- 원산지: 중남미의 멕시코, 베네수엘라 등

이름

고구마의 이름은 조엄의 『해사일기(海槎日記)』에 기록된 '名曰甘藷或謂孝子麻, 倭音古貴爲麻'에 근거한다. 즉 '고귀위마(古貴爲馬)'가 우리말로 변하여 '고구마'가 되었다고 생각된다. 효행저(孝行藷)라는 일본 발음에서 비롯된 'kokoimo'에서 유래하였다는 이야기도 있다.

한자명은 甘藷이며, 남쪽에서 들어왔다고 하여 남저(南藷), 오랑캐나라(蕃國)에서 들어왔다고 하여 번저(蕃藷), 빛깔이 붉다고 하여 주저(朱藷), 생김새가 베개 같은 덩어리 모양이라 하여 옥침저(玉枕藷)라고도 부른다.

영명은 단맛이 있는 감자라는 뜻으로 sweet potato이다. 일본 이름은 사쓰마이모(サツマイモ) 또는 간쇼(カンショ)라고 한다.

학명은 *Ipomoea batatas* Lam. 이다. 여기에 속명 '이포모아'는 벌레를 뜻하는 그리스어 'ip'와 비슷하다는 'homoios'의 뜻이 합성된 이름으로, 줄기가 벌레처럼 기어서 뻗어나는 모양에서 비롯되었다. 종명 '바타타스'는 고구마 원산지 남미 토착어(土着語)이다.

섬유소가 풍부한 알칼리성 건강식품

고구마의 효능에 대하여 『국립식량과학원 자료』에 따르면 고구마는 대부분의 신선채소와 마찬가지로 알칼리성 건강식품으로 근래에 항암, 항산화작용 및 혈중 콜레스테롤 강하 작용 등 약리적 효과가 인정되어 성인병 예방의 건강식품으로 각광을 받아 간식용 고구마의 수요가 급격히 증가하고 있다.

신준우의 『성인병 관리비법』에도 고구마를 포함한 28종의 채소에 대하여 섬유소를 조사한 결과 고구마에 함유된 식이섬유는 동맥에 눌러 붙어있는 침착물을 제거하고, 혈관을 튼튼하게 하여 혈중 콜레스테롤 수치를 가장 많이 떨어뜨린다. 그리고 폐암에 걸리지 않는 사람들이 선호하는 고구마, 호박, 당근을 함께 하여 매일 반 컵 정도 섭취한 결과, 이것을 먹지 않는 사람에 비하여 폐암 발생률이 1/2로 감소하였다는 미국 국립암연구소 보고도 있다. 이밖에 고구마는 근채류 중에서 식이섬유가 많은 것이 특징이다. 따라서 변비예방에도 좋은 식품이다.

민간요법에서도 고구마는 대장. 소장을 보호하는데 삶아 먹는 것 보다 구어 먹는 것이 훨씬 효과가 좋다. 고구마를 먹으면 통변이 잘되는 효과가 있다.

1764년 예조참의 조엄이 일본에서 도입한 고구마

고구마의 원산지는 중남미의 멕시코, 베네수엘라 등이다. 고구마 재배와 전파 과정에 대하여 『일본 자료(農學大事典, 1975)』에 따르면 1492년 콜럼버스가

고구마 밭 (이정명 교수와 저자 신호철)

고구마 잎

신대륙을 발견한 뒤 스페인으로 가져갔다. 그 후 스페인 사람들에 의하여 필리핀(마닐라)에 전파되고, 1594년 중국(福建省)으로 전파되었다. 일본에는 1605년 중국에서 오키나와(琉球)로 들어왔고, 1612년 가고시마에 전해져 전국으로 확산되었다.

우리나라에 고구마가 처음 들어온 것은 1764년 조엄(趙曮)에 의하여 일본(對馬島)에서 부산으로 들어왔다. 예조참의 조엄은 견일통신정사(遣日通信正使)로 임명되어 1763년 9월 9일 한양을 떠나 일본에 머물다가 다음해 귀국하였는데, 이 기간 중 해사일기(海槎日記, 1764. 7. 16)에 고구마 전래과정을 자세하게 기록해 놓았다. 여기에는 '지난해 대마도에 처음 도착했을 때 고구마를 보고 몇 말을 구하여 부산진으로 보내어 종자로 삼게 하였다'

— 見甘藷求得數斗 出送釜山鎭 使之取種 —
(견감저 구득수두 출송부산진 사지취종)

그리고 귀로의 지금(1764) 또 이것을 구하여 장차 동래의 교리들에게 줄 예정이다. 일행(金仁謙) 중에도 고구마를 얻은 자가 있으니 이것을 과연 다 살려 우리나라에 널리 보급하기를 문익점(文益漸)이 목화를 퍼트린 것처럼 한다면 우리 백성에게 큰 도움이 될 것이다. 또 동래에 심은 것이 덩굴을 잘 뻗는다면 제주도와 다른 섬에 재배함이 마땅할 것이라고 상세하게 기술하였다.

강일동 고구마 텃밭

고구마 새싹

이때 조엄은 고구마 식용방법에 대하여 '생으로 먹을 수도 있고, 구워서도 먹으며, 삶아서 먹을 수도 있다. 곡식과 섞어 죽을 쑤어도 되고, 썰어서 정과로 해도 좋다. 떡을 만들거나 밥에 섞거나 되지 않는 것이 없으니 흉년을 지낼 식품으로 좋을듯하다' 라고 구황식품(救荒食品)의 적합성도 강조하였다.

Ikeda Hiroshi(2005)의 『채소 약이 되게 먹는 방법』에 의하면 고구마의 적정한 저장 온도는 13°C 정도이다. 냉장고에 오래 보관하는 것은 좋지 않다. 고구마를 구우면 생고구마보다 8배 정도 달지만 가열방법에 따라 전자레인지에 익히면 달지 않다.

고구마 꽃 (이정명)

재배적 특성

고구마는 메꽃과 식물의 1년생 덩이뿌리(塊根) 채소이며, 원산지는 중남미의 멕시코 등 이다. 고구마는 열대성 작물이므로 고온과 많은 일사(日射)를 좋아한다. 덩굴의 생장은 20°C 이상에서 이루어지고 생육 적온은 15~20°C 정도이다. 15°C 이하 또는 30°C 이상의 온도는 생육에 부적합하다. 재배에 알맞은 토양은 유기질이 풍부하고 배수가 잘되며 토양 통기가 잘되는 양토, 사양토가 좋고 점질의 땅에도 적응한다. 과습(過濕)한 곳은 좋지 않다. 토양산도는 pH 5.6~6.7 정도가 적당하다. 특히 황적색 토양에서 재배된 고구마가 당의 함량이 높고 수확도 많다고 한다. 재배시기는 3~4월에 씨고구마에서 싹을 내어 심어 10월에 수확 한다.

우리나라에서 재배하는 주요 품종으로는 최근(2008)년에 육성한 '연자미' 등 품종이 재배되고 있다. 고구마의 재배요령은 질소질 비료를 많이 주면 덩굴만 무성히 자라고 뿌리 생육이 매우 빈약해 진다.

단옥수수
세계 3대 식량 작물의 하나

Sweet Corn

- 과명: 벼과
- 학명: *Zea mays* L.
- 한자명: 玉蜀黍, 唐黍, 包米, 玉米, 珍珠米
- 영명: sweet corn, corn, maize
- 일본명: トウモロコシ, トウキビ
- 원산지: 남미의 멕시코 등

옥수수(East west seed)

이름

옥수수 이름은 옥촉서(玉蜀黍)에서 유래하여 '옥슈슈'로 발음되다가 옥수수가 되었다. 옥식기, 옥시기, 옥숙구, 강냉이, 강낭이 등 이름도 있다.

한자명은 겉껍질을 벗기면 구슬(玉)같은 알맹이가 있고, 촉(蜀)나라 때 처음 비롯된 찰기장(黍)이라는 뜻으로 '玉蜀黍' 또는 '蜀黍'라 한다. 당(唐)나라에서 들여온 찰기장(黍)이라는 뜻으로 '唐黍'라고도 한다. '黍'자는 위에 곡식(禾), 아래에 물(水)과 넣다(入)의 뜻이 포함되어 '술을 만드는 곡식'이라는 의미가 있다. 또 생김새가 구슬이나 진주에 비유되는 쌀로 생각하여 '玉米', '珍珠米', '包米'라고도 한다.

영명의 단옥수수는 sweet corn이다. maize, Indian corn 이름도 있다. 일본 이름은 도우모로고시(トウモロコシ) 또는 도우기비(トウキビ)라고 한다.

학명은 *Zea mays* L. 이다. 여기에서 속명 '지아'는 옥수수속을 의미하며, 단옥수수 학명은 *Zea mays* var. *rugosa Bonaf* 이다.

잇몸질환과 이뇨에 효능이 있는 건강식품

옥수수는 벼, 밀과 함께 세계 3대 식량작물로 평가되고 있다. 이시진의 『본초강목』에 따르면 옥수수는 단맛이 있으며 독성은 없다. 위장을 다스리며 막힌 속을 풀어준다. 옥수수 뿌리와 수염과 잎은 소변이 질금거리는 것과 요석(尿石)이 있어 아픈 증상을 치료하며 끓여서 자주 마신다.

옥수수에는 단백질, 당질, 섬유질이 고루 함유되어 있고, 비타민 A와 천연 항산화 물질인 토코페롤(비타민 E)이 들어 있어 건강식품으로 손색이 없다. 옥수수에 들어있는 베타-시토스테롤(sitosterol) 성분은 혈중콜레스테롤 함량을 낮추는 효능이 있고, 잇몸질환 치료제 '인사돌'의 주성분으로 약리작용을 한다. 옥수수수염은 이뇨작용이 뛰어나고 신장이 좋지 않거나 당뇨, 담석증, 잇몸출혈이 있는 경우에 달여서 꾸준히 마시면 효과가 있다. 이밖에 옥수수기름은 혈중 콜레스테롤 수치를 낮추어주는 효능이 있다.

굶주릴 때 줄기와 씨앗까지 먹었던 구황식품

우리의 선조들은 흉년이 들 때 마다 먹을 것이 없어 굶주림에 시달리며 살아왔다. 『조선왕조실록(현종, 1671. 4. 1)』에 의하면 심유(沈攸) 등은 함경도 지방의 굶주림의 심각성에 대하여 '올해 기근의 참혹은 전도이 다 같지만 함경도가 더욱 심하다'고 하면서 심지어 옥수수 대를 가루로 만들어 먹으면서 목숨을 이어

옥수수 암꽃

옥수수 수꽃

가고 있다고 임금에게 보고하였다.

- 饑饉之慘八道同然 而咸鏡六鎭爲尤甚 -
(기근지참팔도동연 이함경육진위우심)

『선조실록(1593. 12. 24)』에 따르면 비변사(備邊司)에서 기민구제(饑民救濟)와 봄에 파종할 씨앗 마련에 대하여 경상도는 '명년의 종자를 반드시 미리 지급한 뒤에야 농사를 지어 생계를 이어갈 수 있다' 상주, 선산 등의 고을에는 충청도에 보존된 옥수수(唐黍) 등 곡식 종자를 할당하여 농사를 지을 수 있도록 하였다.

- 種子亦必豫爲 措給然後可以耕墾 -
(종자역필예위 차급연후가이경간)

우리 민족은 굶주리면서 자라고 있는 옥수수 줄기와 잎까지 잘라 먹고, 마련해 두었던 옥수수 종자까지 먹으며 연명하여 다음해 종자가 없어 농사를 지을 수 없었던 처참한 굶주림의 역사적 경험을 가지고 있었다.

그러다가 고종 때(1894년)에는 옥수수를 전국에 확산하여 재배하였다. 비숍(Isabella B. Bishop. 1831~1904)의 저서 『한국과 그 이웃나라들』에 의하면 '금강산으로 가는 길에 논둑에 2줄로 심어 놓은 옥수수를 보았다. 개성으로 가는 길

파종 4주 후

옥수수가 자라는 강일동 텃밭

에 임진강변에서 옥수수 재배지도 보았다'라고 하였다. 이는 강원도 산골과 임진강 평야지대 등 전국에 옥수수가 재배되었음을 의미한다.

재배적 특성

옥수수는 벼과에 속하는 1년생 초본 식물로 원산지는 남미의 멕시코 등으로 알려져 있다. 옥수수 재배역사는 아메리카 인디오에 의하여 7천년 정도 되었다. 1492년 콜럼버스가 쿠바에 상륙하였을 때 이미 주요 작물로 재배되고 있었다. 이후 옥수수는 스페인을 경유하여 유럽 각지에 전파되었다.

한편 우리나라는 중국을 경유하여 도입된 것으로 추정된다. 1593년 옥수수 종자를 전국에 공급하였다는 『조선왕조실록』의 기록으로 미루어 이미 16세기 이전에 재배된 것으로 추정된다. 옥수수의 생육 적온은 25~30°C 정도이며, 재배에 알맞은 토양은 부식질이 많고 배수가 잘되는 사양토 또는 양토가 좋다.

적정한 토양산도는 pH 5.5~6.5 정도이며, 산성에 비교적 강하다. 옥수수는 암수 꽃이 따로 피고 타가 수정의 특성이 있다. 수꽃 이삭은 줄기 끝에 달리며, 암꽃이삭은 줄기의 잎겨드랑이 껍질에 쌓여 있다. 옥수수의 수염은 암술대이며 이것이 껍질 밖으로 자라나 꽃가루를 받는다.

재배 시기는 4~5월에 파종하며, 풋옥수수 수확은 7~8월에 수염이 나오고 3주 정도 지나 알이 단단해지기 전에 수확한다. 한그루에 2~3개 달리지만 위의 것 1개만 남기고 아랫것을 따주면 더욱 우량한 열매를 얻을 수 있다. 재배품종은 찰옥수수, 메옥수수를 비롯하여 감미종 등으로 분류할 수 있다. 단옥수수는 식물체에서 따는 순간부터 단맛이 감소되기 시작하므로 수확 즉시 삶아서 먹는 것이 좋다.

지상부 뿌리

비타민 C가 사과의 10배 들어있는 딸기

딸기

Strawberry

- 과명: 장미과
- 학명: *Fragaria ananassa* Duch.
- 한자명: 苺, 草莓, 地楊梅
- 영명: strawberry
- 일본명: イチゴ, オランダイチゴ
- 원산지: 북·남미의 캐나다, 칠레 등

이름

 딸기 이름은 나무딸기와 구별하기 위하여 양딸기라고도 한다(북한에서는 밭딸기, 양딸기라고 부른다). 딸기에는 산딸기, 뱀딸기, 야생딸기, 재배딸기 등이 있으나 일반적으로 딸기라고 하면 다년생 초본의 재배딸기를 의미한다. 한자명은 苺, 草莓, 地楊梅 라고 한다. 영명은 strawberry 이다. 딸기가 익으면서 커지면 땅에 직접 닿지 않도록 마른 볏짚 등 '스트로(straw)'를 썰어서 땅 위에 덮어주고 재배한 재배방법에서 유래된 이름이다. 일본 이름은 이치고(イチゴ) 또는 네덜란드 딸기를 상징하여 오란다 이치고(オランダイチゴ)라고 한다.

 학명은 *Fragaria ananassa* Duch. 이고 프랑스 식물학자(A. N. Duchesne, 1747~1827)가 붙인 이름이다. 여기에서 속명 '프라가리아'는 딸기가 아름답고 향기롭다는 뜻의 라틴어 'fragara'에서 유래하였으며, 종명 '아나나사'는 캐나다와 미국 북부 원산의 '버지니아나(virginiana)' 야생종과 칠레 원산의 '칠로엔시스(chiloensis)' 종을 교잡시켜 만든 재배딸기의 원종을 의미한다.

비타민 C가 사과의 10배 들어 있는 딸기의 효능

딸기의 건강식품 효능에 대하여 신준우의 『성인병 관리비법』에 따르면, 딸기는 강력한 발암물질의 하나인 니트로소아민(nitrosoamine) 생성을 억제하여 암의 예방 또는 진행을 억제하는 효과가 있다. 딸기에는 비타민 C가 100g당 80mg로 사과의 10배, 귤의 1.5배 정도로 많이 함유되어 있다. 따라서 어른의 하루 필요한 비타민 C 섭취량이 50 mg 정도이므로 하루에 딸기 5개를 먹으면 충분하다. 딸기는 흐르는 물에 30초 정도 잠간 씻어 비타민이 빠져나가지 않도록 한다. 설탕을 넣어 먹으면 비타민 섭취를 방해한다.

딸기에 들어있는 펙틴(pectin)은 혈중 콜레스테롤을 현저하게 내리게 하고, 혈액을 맑게 하며 고혈압, 동맥경화 등 순환기계의 질병에 효능이 있다. 또 딸기에는 섬유질이 많아 장의 운동을 촉진시켜 변비에도 좋다.

딸기는 1905년 미국인 잉골드가 도입하였다.

딸기의 재배역사는 우리나라 뿐 아니라 세계적으로 길지 않다. 야생종 딸기를 처음으로 밭에 옮겨 재배한 기록은 1368년 프랑스에서 인데 1714년 루이 14세의 명령으로 '프레지어'가 남미에서 야생딸기를 채집하여 재배를 시작하였다는 설이 있다. 그리고 영국에서는 캐나다 야생종 '버지니아나'를 1629년에 들여다 심기 시작하였다. 그 후 미국이나 일본 등에서 개량속도가 가속화 되었다.

딸기 (매향, 논산딸기시험장)

딸기 (설향, 논산딸기시험장)

잉골드(1867~1962)

저자는 우리나라에 딸기가 처음 도입된 역사는 1905년 미국에서 '잉골드(Mrs. Tate, Ingold 1867~1962)'에 의하여 전주로 들여와 재배하기 시작하였다고 주장한다. 이 같은 내용은 이미 복음신문(2009. 8. 22 및 10. 3) 등을 통하여 발표하였으므로 다음과 같은 내용에 대하여 사계의 고증이 요구된다.

잉골드는 1897년 9월 15일 우리나라에 들어와 1925년까지 미국 선교사로 28년간 활동하였다. 이 기간 중 1904년 5월 안식년 휴가로 미국에 갔다가 돌아오면서 '듀이(Dewey)라는 딸기 50포기를 들여와 전주 화산동에 정착시켰다. 그 후 전국에 파송된 선교사와 교회를 통하여 전국으로 확산 보급하였다. 그는 1902년 전주예수병원을 설립하였으며, 1905년 테이트(L. B. Tate)와 결혼하였다.

딸기가 우리나라에 도입된 과정에 대하여 랭킨(N. B. Rankin)의 The Blue-eyed Maiden(1879~1911)에 따르면 '딸기는 조선에 자라는 토종이 아니다. 잉골드가 들여와 전국으로 확산하였다'라고 다음과 같이 확실하게 기록해 놓았다.

While the strawberry is not native here, Mrs. Tate ordered fifty about two years ago and has not only supplied our station with plants but practically

딸기의 포복경 (논산딸기시험장)

딸기 시설재배 (논산딸기시험장)

the whole mission.
– 1907. 5. 27 랭킨 일기 중에서 –

랭킨은 '오늘(1907. 5. 27) 수확한 딸기를 잉골드가 거의 5갤런이나 가져와 나는 학생들을 딸기 잔치에 초대하고 학생들은 즐거워했다'고 하였다. 이는 1907년 이전에 우리나라에 이미 딸기가 재배되었음을 의미한다. 그는 텃밭 가꾸기를 좋아하였으며 텃밭에 딸기, 토마토, 고추 등의 채소를 가꾸며 한국을 사랑하고 한국에서 순직하였다.

딸기꽃

재배적 특성

딸기의 원산지는 북미의 캐나다와 남미의 칠레 등이다. 장미과에 속하는 다년생 열매채소이며 포복경(匍蔔莖, runner)으로 번식한다. 딸기의 열매는 씨방이 발달하여 열매가 되는 다른 채소와 달리 꽃턱이 발달한 것으로 열매 속에 씨가 없고 열매 표면에 깨알 같은 씨(식물학적으로 진성 열매)가 붙어 있다.

우리나라에 재배되는 딸기는 18세기 네덜란드에서 교잡하여 만든 재배 원종 '프라가리아

딸기 잎

아나나사'이다. 이 종은 캐나다 원산의 '버지니아나'와 칠레 원산의 '칠로엔시스'의 교잡종이다. 딸기의 생육 적온은 17~20℃ 정도이다. 알맞은 토양은 사질양토와 점질양토에 이르도록 폭넓게 재배된다. 토양산도는 pH 5.0 이상이면 재배가 가능하다. 재배 시기는 5~9월에 육묘(아주심기)하여 이듬해 5~6월에 수확한다. 우리나라 딸기 생산량은 2010년 현재 재배면적 약 7천ha에서 231만 톤의 딸기를 생산하였다는 기록이 있다. 주요 재배 품종은 논산딸기시험장에서 육성한 '매향', '금향', '설향' 등이 있다.

자양·강장의 건강식품 마

Yam

- 과명: 마과
- 학명: *Dioscorea* spp.
- 한자명: 山藥, 山芋, 薯蕷, 大薯
- 영명: yam, Asian yam, white yam
- 일본명: ヤマノイモ, ナガイモ
- 원산지: 아시아의 중국, 인도, 인도네시아 등

참마

이름

마의 우리말 이름은 마 또는 참마라고 부른다. 일반적으로 '마'는 주로 재배종의 경우를 뜻하며, '참마'는 산야에 자라는 자생종을 의미한다. 한자명은 산(山)에서 나는 약(藥)이라는 뜻으로 山藥, 산에서 나는 감자(薯)라는 뜻으로 山薯, 산에서 나는 토란(芋)이라는 뜻으로 山芋라고 한다. 薯蕷, 大薯 등의 이름도 있다. 중국 고사에는 병사들이 산에서 식량을 찾다가 우연히 만났다하여 산우(山遇)라는 별명도 있다. 영명은 yam이며, 남아메리카의 토속어에서 '먹을 수 있다(to eat)'는 뜻에서 유래하였다. 원산지와 생김새에 따라 Asiatic yam, white yam, king yam 등의 별명도 있다. 일본 이름은 산 감자라는 뜻으로 야마노이모(ヤマノイモ) 또는 나가이모(ナガイモ)라고 한다.

학명은 *Dioscorea* spp. 이다. 여기에서 속명 '디오스코리아'는 1세기경 그리스의 자연과학자(A. Dioscorides)를 기념하기 위하여 붙여진 이름이다. 재배종 마의 학명은 *D. batatas*이고, 산야에 자생하는 참마의 학명은 *D. japonica*이다.

마의 영양학적 성분과 효능

마는 영양이 좋은 자양(滋養) 강정(强精)의 건강식품으로 식욕 부진과 신체 허약 등에 효능이 있다. 마를 먹으면 정력이 좋아지고 젊어진다.

마의 영양학적 성분과 효능에 대하여 이풍원 교수(2011)의 『이야기 본초강목』에 따르면 마에는 뮤신(mucin)과 글리신(glycine), 세린(serine), 기타 아미노산이 함유되어 있어 당뇨병에 장기간 복용하면 효과가 좋으며, 건망증이나 정액이 저절로 흐르거나, 잠을 자면서 땀을 흘릴 때 좋은 치료제가 된다.

서명자 교수(1998)의 『약이 되는 좋은 먹거리』에 따르면 마는 기력이나 기운을 돋워 주는 자양강장제로 쓰인다. 당뇨병에 효과가 있으며, 비장과 폐를 튼튼하게 하고 장의 기능을 정상화시키는 작용이 있고, 진해 거담제로도 쓰인다. 부스럼 종기의 외용제로 쓰이며, 건위 소화제로 효과가 있고, 설사를 멈추게 하며 이질에 효과가 있다.

이정명(2013) 교수의 『채소학 각론』에서도 마에는 다량의 알칼로이드, 사포닌(dioscin), 타닌(tannin) 등이 함유되어 있는데 한방에서는 마의 근경이 자양강장, 식욕부진, 신체허약, 폐결핵, 야뇨증, 관절염 등에 효과가 있다.

『삼국유사』와 『조선왕조실록』의 마 이야기

일연의 『삼국유사』에 따르면 마를 캐던 백제의 소년이 지혜를 짜내 서동요(薯

마가 자라는 강일동 텃밭

둥근마 (이정명)

童謠)를 짓고 신라의 선화공주와 결혼에 성공하여 백제의 왕이 되었다는 이야기가 나온다.

즉 마를 캐다 파는 것을 생업으로 하여 서동이라는 별명이 붙은 '장(璋)'은 어려서부터 재주가 뛰어나고 도량이 넓었다. 서동은 신라 진평왕의 셋째 딸 선화(善花)공주가 절세의 미인이라는 소문을 듣고 공주를 아내로 삼고자 마음깊이 새겼다. 그리고 위례성(慰禮城)에서 경주로 내려가 동네 아이들에게 맛있는 마를 나누어주고 아이들과 친하게 지내며 따르게 하였다. 그리고 서동요를 지어 아이들에게 가르치고 꾀어 노래로 부르고 다니게 하였다.

선화공주님은 남몰래 짝지어 두고 －善花公主主隱 他密只嫁良置古
서동서방을 몰래 밤에 안고 잔다. －薯童房乙 夜矣卯乙抱遣去如

이 노래가 신라의 궁궐까지 알려지자 선화공주는 곤경에 빠지게 되었다. 그리고 신하들이 왕에게 간곡히 권하여 선화공주를 먼 곳으로 귀양 보내게 하였다. 공주가 귀양지에 도착할 무렵 서동이 선화공주 앞에 나타나 절하며 정중히 모시기를 청하였다. 공주는 그가 누구인지 몰랐지만 어딘지 믿음직스러워 허락하고 정까지 통했다. 그런 후에야 서동을 알았고, 노래가 불린 연유도 알게 되었다. 서동은 백제 땅으로 공주와 함께 돌아와 많은 금을 캐 모아 진평왕에게도 선물하고 인심도 얻어 마침내 백제의 왕이 되었다.

단풍마

마절단면 (이정명)

한편 『조선왕조실록(숙종, 1689. 1. 18)』에는 관노(官奴)의 아들이 마를 캐어 임금께 진상하고 벼슬한 이야기가 있다. 즉 이동영(李東英)이라는 사람이 숙종임금에게 마(山藥)를 진상하고 영릉참봉(寧陵參奉)에 제수되었다. 이때 신하들은 신분이 천한 고령 관노의 아들이 상은(上恩)을 바라고 한 처사라고 반대하여 참봉 벼슬에서 다른 상당한 자리로 옮기게 하였다.

재배적 특성

마과에 속하는 다년생 덩굴식물로 원산지는 중국, 인도 등이다. 암수딴그루이며 주아(珠芽)로도 번식하는 특성이 있다. 생육 적온은 25~30°C 정도의 고온성 식물이지만 저온에도 잘 견딘다. 알맞은 토양은 토층이 깊고 배수가 잘되는 유기물이 풍부한 사질양토 또는 양토이고, 덩굴성 식물이므로 1.5m 정도의 지주를 세워주는 것이 좋다.

마 주아

참마꽃

마의 품종은 괴경(塊莖)의 형태에 따라 긴마(長形種), 은행잎 모양의 선형종(扇形種), 괴형종(塊形種) 등 3가지 군으로 분류된다. 우리나라의 마 주산지는 경북 안동지방이다. 재배 품종으로는 경상북도농업기술원에서 육성한 '긴마 4호(안동 4호)'를 비롯하여 순계분리 육종한 '마 1호(안동 1호)' 등이 있다.

독특한 매운 맛과 향기를 내는 생강

생강

Ginger

- 과명: 생강과
- 학명: *Zingiber officinale* Rose.
- 한자명: 薑, 生薑, 乾薑
- 영명: ginger
- 일본명: ショウガ, ハジカミ
- 원산지: 동부아시아의 인도, 말레이시아 등

이름

생강 이름의 어원은 한자명 '강(薑)'에서 유래하였다. 날것(生)을 상징하여 '생강(生薑)'이라 부르고, 건조하여 말린 것을 '건강(乾薑)'이라고 부른다. 지방에 따라 '새양'이라고도 한다.

한자명으로는 薑, 生薑, 乾薑 등이 있다. 영명은 'ginger'라고 한다. 일본 이름은 쇼가(ショウガ) 또는 하지가미(ハジカミ)라고 한다.

학명은 *Zingiber officinale* Rose. 이다. 여기에서 속명 '진지바'는 산스크리스트 고어에서 덩이줄기(tuber, 塊莖)의 생김새가 뿔모양(officinale)이라는 데에서 유래하였으며, 종명 '오피시날레'에는 생강이 약용으로 쓰인다는 뜻이 있다.

진저롤 성분의 식욕 증진 건강식품

생강의 가장 큰 특징은 독특한 매운맛과 향기를 내는 방향(芳香)성분의 진저롤(gingerol)과 쇼가올(shogaol) 성분이 함유되어 있다는 점이다.

생강의 식품가치와 효능에 대하여 서명자 교수(1998)의 『약이 되는 좋은 먹거리』 등 자료를 종합하여 요약하면 다음과 같다.

첫째, 생강을 먹으면 소화액 분비를 촉진시켜 식욕을 증진시키고 소화를 돕는다. 둘째, 생강은 해독작용을 한다. 이는 식중독 등을 일으키는 균에 대하여 살균 또는 항균 작용을 하는 효능 때문이다. 셋째, 감기 기운으로 으스스 춥고, 코가 막히며, 두통과 열이 있을 때에 생강차를 마시면 몸의 찬 기운은 밖으로 나가고, 따뜻함을 유지하여 주기 때문에 도움이 된다. 넷째, 생강은 혈중 콜레스테롤 수치의 상승을 억제하는 효능이 있다.

이밖에 생강은 멀미를 예방하고, 속이 거북하거나 메스꺼움, 딸꾹질 등을 멈추는 작용을 하며, 소변을 잘 나오게 하고, 여성의 생리불순 개선에도 효능이 있다.

그러나 생강을 지나치게 많이 먹으면 해가 된다. 특히 위가 약한 사람이나 치질 또는 피부병이 있는 경우는 주의를 요한다.

술 대신 생강차를 애용한 영조 이야기

생강은 이미 2,500년 이전부터 중국 등에서 재배되었으며, 우리나라는 고려 때 중국에서 들여와 재배하여 약재 또는 음식물에 매운맛이나 향기를 더하는 향신료(香辛料)로 쓰였다. 생강에 관한 기록은 『조선왕조실록』에도 326회나 반복적으로 수록되었다. 여기에는 생강이 건강식품이라는 내용을 비롯하여, 기호품과 향신료(香辛料)로 쓰였으며, 생강에 얽힌 이야기들이 수록되어 있다. 예를 들면

생강 어린싹

생강이 자라는 강일동 텃밭

첫째, 생강이 건강식품이라는 사례의 하나로『영조실록(英祖實錄. 1766. 10. 10)』에는 영조임금이 '술잔을 받을 때에 술을 대신하여 생강차를 내오도록 명하였다.' 는 기록이 있다. 조선왕조 역대 임금 중 재위기간 52년으로 가장 길고, 83세까지 장수(長壽)한 영조의 건강과 장수의 비결에 술 대신 생강차를 마신 것도 도움이 되었다고 할 수 있다.

– 受酌時 命以薑茶代酒 – (수작시 명이강차대주)

둘째,『중종실록 (1544. 5. 15)』에 따르면 왕세자가 동궁의 관원들에게 생강을 내주면서 친필로 기록하기를 내가 논어(論語)에 기록된 공자의 글을 보니 생강을 계속 먹었다고 하였다. '생강은 배를 채우기 위한 것이 아니라, 정신을 맑게 하고 입에서 나는 나쁜 냄새를 제거하기 위해서이다"라고 기록하였다. 이는 생강이 궁궐에 종사하는 자에게 구강위생(口腔衛生)의 향신용도로 쓰였다는 것을 의미한다.

– 爲口腹 通神明 去穢惡故然 – (위구복 통신명 거예악고연)

셋째,『단종실록 (1452. 12. 25)』에 따르면 경창부윤(慶昌府尹) 이선제(李先齊)는 '생강은 50세 이후 기력이 쇠한 사람이 복용할만합니다. 그러나 젊은이에게는 적합하지 않습니다! 라는 기록이 있다. 생강은 50세 이상의 나이든 사람에

생강 줄기

생강 수확물

게는 좋은 건강식품 이지만 단종(1441~1457)처럼 어린이들에게는 효능은 별로 없다는 뜻이 담겨 있었다.

이밖에 『성종실록(1483. 2. 11)』에는 '생강은 독을 다스리는데 제일이다' 라고 기록되어 있다. 이는 생강과 계피는 해독작용이 뛰어나다는 점을 강조한 내용이다.

— 薑桂治毒良 — (강계치독양)

생강의 식물체

재배적 특성

생강은 생강과에 속하는 다년생 초본식물로 원산지는 동아시아의 인도, 말레이시아 등이다. 생강은 세계적으로 알려진 향신용 채소로 재배되고 있으며, 우리나라는 전북 봉동, 충남 서산 지방이 주산지를 이루고 있다.

생육 적온은 25~30°C 정도이며 고온성 작물이다. 고온 다습한 기후에 잘 자라며, 고온일수록 생장속도가 빠르다. 저온에는 약하여 15°C 이하`면 생육이 정지되고, 덩이줄기의 저장에도 10°C 이상을 요한다.

재배에 알맞은 토양은 특별한 조건을 요구하지 않으나 비옥하며 배수가 잘되는 양토 또는 사질양토가 적당하다. 토양산도는 pH 6.0~6.5 정도의 약산성 또

양하 꽃

는 중성이 좋다. 연작(連作)을 하면 뿌리줄기가 썩는 병이 심하게 발생하므로 3~4년 간격으로 윤작(輪作)하는 것이 좋다. 헛빛의 적응성으로 약한 광에도 견디는 식물이다. 생강의 적정한 저장 온도는 14°C 정도 이므로 냉장고에 오래 보관하는 것은 좋지 않다.

아욱

칼슘 성분이 풍부한 동양적 채소

Chinese Mallow

- 과명: 아욱과
- 학명: *Malva verticillata* L.
- 한자명: 葵, 冬葵, 冬寒菜
- 영명: Chinese mallow
- 일본명: アオイ, オカノリ
- 원산지: 동아시아의 중국, 남유럽의 프랑스 등

아욱

이름

 아욱 이름에 대하여 이우철(2005) 교수의 『한국식물명의유래』에 따르면 abuha(葵)에서 아흑이 되고 다시 아옥으로 변하여 아욱으로 정착하였다. 겨울 아욱, 들아욱 등 이름도 있다.

 한자명은 葵, 冬葵, 冬寒菜, 滑葵 등이다. 영명은 Chinese mallow 또는 curled mallow라고 한다. 일본 이름은 우리말 이름 아욱이 전해져 아오이(アオイ) 또는 오가노리(オカノリ)가 된 것으로 추정된다.

 학명은 *Malva verticillata* L. 이다. 여기에서 속명 '말바'는 라틴어에서 유래하며 그리스어로 부드럽게 한다(malache)라는 뜻이 있다. 이는 아욱의 줄기나 잎에 함유되어 있는 점액질이 완화제의 효능이 있다는 사실에서 비롯되었다. 이밖에 정력에 좋은 식품이라 하여 집을 허물고 심는 채소라는 뜻으로 파루초(破樓草)라는 별명도 있다.

가을 아욱국은 사위만 준다는 영양식품

아욱은 잎채소 중에서 영양가가 골고루 함유되어 있는 동양적 채소로 된장을 넣어 끓이는 국거리 등으로 이용되고 있다. 우리 속담에 가을 아욱국은 사립문을 닫고 먹는다 라든가 '가을 아욱국은 사위만 준다.'는 말이 있을 정도로 맛이 좋고 영양가가 높다는 뜻이 담겨있다. 특히 서리가 내리기 전의 아욱국은 맛이 좋으며, 여기에 마른 새우를 넣으면 음식 궁합이 맞아 더욱 좋다.

6세기경에 중국 최고의 농업서로 가사협(賈思勰)의 『제민요술(齊民要術)』에 '아욱은 채소의 왕'이라고 하였다. 그리고 명(明)나라의 이시진(李時珍)은 『본초강목(本草綱目)』에서 '아욱은 부추, 파, 콩잎 등 오채(五菜) 중에서 으뜸'이라 하였다. 한편 성서식물학자들은 『구약성경(욥기 6:6~7)』에 기록된 '욥'이 못 먹겠다고 한 식물이 아욱(당아욱)이라는 주장도 있다.

아욱에는 특히 칼슘 성분이 많이 함유되어 가식부 100g당 94mg정도로 시금치의 2배에 해당한다. 단백질도 4.8g 정도로 시금치의 2배이며, 지방은 2.4g 정도로 시금치의 3배에 해당한다. 그러므로 서양에서 시금치를 우수한 건강식품으로 여기지만, 동양식품의 아욱은 시금치보다 좋은 알칼리성 건강식품이라 할 수 있다.

아욱의 효능에 관한 자료들을 종합하여 살펴보면 첫째, 아욱은 발육기의 어린이들에게 좋은 식품이며, 산모에게도 젖 분비를 촉진하는 기능과 해산 후 몸이

아욱 어린싹

아욱 잎

붓는 증상에 도움이 된다. 둘째, 아욱을 먹으면 장의 운동을 부드럽게 하여 대·소변을 편안하게 한다. 셋째, 몸에 열이 있고 땀을 많이 흘리는 사람에게는 열을 풀어주는 작용을 한다. 이밖에 아욱을 오래 먹으면 뼈를 튼튼하게 하고, 피로의 회복과 강정기능이 있어 장수한다.

아욱에 얽힌 황희 정승 이야기

우리나라에 아욱이 전래된 시기는 이규보(李奎報, 1168~1241)의 『동국이상국집(東國李相國集)』에 기록되어 있는 것으로 미루어 고려시대 이전으로 추정된다. 『조선왕조실록(세종, 1431. 9. 8)』에 따르면 세종 임금이 황희(黃喜, 1363~1452)를 영의정으로 임명하려 할 때 좌사간(左司諫) 김중곤은 '아욱을 뽑아 버린다'는 뜻의 거직발규(去織拔葵)의 예화를 들어 부당하다고 탄핵하였다. 그러나 세종은 '나라를 다스리는 대신은 작은 과실로 가볍게 끊을 수 없다'고 하면서 임명을 강행하였다.

- 況調元大臣 豈可以小失 而輕絶之乎 - (황조원대신 개가이소실 이경절지호)

결국 황희는 좌의정 때 작은 허물이 있었지만 명재상으로 청백리의 표상으로 추앙 받았다. 최근 국무총리 등을 임명할 때 인사청문회에서 지나치게 흠집을 내려 하는 이들이 참고하여야 할 내용이다.

아욱이 자라는 강일동 텃밭

아욱의 식물체

이와 유사한 예화는 『성종실록(1475. 5 .12)』에 임금이 '궁을 화려하게 중수하려 할 때'를 비롯하여 『중종실록(1516. 2. 23)』에는 '궁중의 장리제도 혁파를 건의할 때' 등에 인용되었다

'去織拔葵' 라는 4자성어의 배경을 풀이하면 노(魯)나라 공의자(公儀子)가 정승이 되었을 때 아내가 차려준 밥상에 '아욱국'이 있는것을 보고 노하여 텃밭에 심은 아욱을 모두 뽑아버리고, 또한 비단 짜는 베틀을 보고 내쳤다는 이야기이다. 즉 국록을 먹는 사람이 아욱을 텃밭에 심으면 농민에게 피해가 되고, 비단을 짜면

아욱 꽃과 줄기

방직공(紡織工)이 일자리를 잃는다는 뜻으로 오늘날의 고위공직자 겸직불가 논리와 비유되는 이야기이다.

재배적 특성

아욱은 아욱과에 속하는 1·2년 초본식물로 원산지는 아시아의 중국 등으로 오래전부터 재배되었다. 아욱은 한 여름에도 나오는 대표적 잎채소이다. 아욱의 생육 적온은 16~25°C 정도이고 비교적 온화하고 습한 기후를 좋아한다. 알맞은 토양은 배수가 잘되고 부식질이 풍부한 점토질이 좋으나 적응성이 넓어 거의 모든 토양에 적합하다. 토양 산도는 pH 6.0~7.0정도로 산성에 약한 중성 내지 알칼리성 토양을 좋아하는 식물이다.

아욱의 봄철 재배 시기는 4~5월에 씨뿌리기를 하여 6~7월에 수확하고, 가을에는 9월에 씨뿌리기 하여 10월에 수확한다. 한해에 여러 번 파종하여 어린잎과 줄기를 수확할 수 있으며, 한 여름에 나오는 대표적 잎채소 이다.

옹골지고 실속이 있다는 토란

토란

Taro

- 과명 : 천남성과
- 학명 : *Colocasia esculenta* Schott.
- 한자명 : 芋, 芋子, 芋頭, 土蓮, 土芝
- 영명 : taro, dasheen, eddoe
- 일본명 : サトイモ
- 원산지 : 아시아의 인도, 인도네시아, 말레지아 등

이름

토란은 땅에서 나는 계란모양의 덩이뿌리라는 뜻으로 토란(土卵)이라는 이름이 유래되었다. 땅에서 자라는 연꽃 또는 잎의 모양이 수련과 닮았다하여 토련(土蓮)이라고도 한다.

한자명은 芋, 芋頭, 土芝, 芋子, 野芋 등 이름이 있다. 영명은 taro, dasheen, eddoe, cocoyam 등 있다. 일본 이름은 감자와 비슷하여 사도이모(サトイモ) 라고 부른다.

학명은 *Colocasia esculenta* Schott. 이며, 여기에서 속명 '콜로카시아'는 아라비아어로 먹는다는 뜻의 'kolkos 또는 kulkas'와 장식(裝飾)이라는 뜻의 'casein'의 합성어로, 뿌리는 식용(食用)으로 쓰고 꽃은 장식용으로 쓰이는데 유래하였다.

토란의 식품적 가치와 효능

우리 속담에 옹골지고 실속이 있다는 뜻으로 '알토란 같다'는 말이 있다. 토란

의 식품적 가치가 대단히 중요하다는 뜻이 담긴 내용이다. 토란의 원산지는 인도, 인도네시아 등이지만 태평양 지역 도서(島嶼)에서도 주식으로 이용된다.

토란의 효능과 식품적 가치에 대하여『순천향대 당뇨수술센터(2013년 1월)』발표 자료에 의하면 다음과 같이 요약할 수 있다.

첫째, 토란에 함유된 수산칼륨 성분은 열을 내리고 염증을 가라앉혀주어 타박상 등에 좋으며, 둘째, 섬유질이 풍부하여 장의 운동을 원활하게 해주어 변비에 효능이 있다. 셋째, 토란의 미끈거리는 성분(galactan)은 간장이나 신장을 튼튼하게 하고 노화방지에 효능이 있고, 넷째, 껍질이나 잎자루를 달여 먹으면 신경통 등에 효능이 있다. 이밖에 독충에 쏘였을 때 줄기를 갈아 환부에 부친다.

한편『동의보감』에는 토란은 성질이 평(平)하며 위와 장의 운동을 원활하게 하는 개위진식(開胃進食)하여 소화와 식욕을 돋우는데 날것으로 먹으면 독이 있지만 익혀 먹으면 독이 없어지고 몸을 보한다.

이밖에 민간요법에서도 토란은 혈액을 맑고 신선하게 바꾸어 주며, 토란잎으로 죽을 쑤어 먹으면 설사를 멈추게 하는 효능이 있고, 임산부의 입덧에 효과가 있다. 껍질을 벗길 때는 손이 가려워지는 경우가 있으므로 소금물로 씻으면 좋다. 독성이 있는 아린 맛을 없애려면 껍질 벗긴 토란을 쌀뜨물이나 소금물에 1~2시간 우려내는 것이 좋다. 토란대(잎줄기)로 끓여 먹는 육개장은 인기 있는 토종 음식의 하나이기도 하다.

토란 어린잎

토란 잎과 물방울

제5장 콩과 및 기타과 식물 이야기

농가월령가에 수록된 토란국 이야기

우리나라에서 토란이 재배된 역사는 1236년 편찬된 『향약구급방(鄕藥救急方)』에 토란(芋)이 식품으로 기록된 것으로 미루어 고려시대 이미 토란이 재배된 것으로 추정된다. 1462년 기록된 『조선왕조실록(세조, 1462. 2. 16)』에도 토란(芋)이 기록되어 있다.

조선시대 지어진 『농가월령가(農家月令歌)』에는 추석명절의 절기음식(節食)으로 토란국(탕)이 등장 한다.

'추석명절 쇠어보세 새 술, 올벼송편, 박나물, 토란국을
성묘를 하고나서 이웃끼리 나눠 먹세.' −8月令에서

이 같은 배경에는 토란국을 먹으면 명절 때 생기기 쉬운 배탈, 소화불량과 과로를 없애는데 효능이 있으며, 토란의 미끈미끈한 점액질의 갈락탄 성분은 혈압과 혈중 콜레스테롤을 낮추고, 육류섭취로 인한 지방흡수를 억제하는데 도움이 된다고 생각하였기 때문이다.

저자는 1984년 우리 정부에서 주관하는 국제협력사업으로 아프리카의 몇 개 나라를 방문하면서 가봉국의 엔덴데(Ndende, Ngounie洲) 지역 밭작물 재배상황을 살펴본 일이 있다. 이때(1984년 8월 1일) 주정부의 공직자 무까니(Moukani Mavurulu) 단장 집에 초대를 받아 식사한 일이 있었는데 토란을 주식

토란이 자라는 강일동 텃밭

토란 꽃 (1)

으로 하고 있었다. 우리나라의 토란보다 크지만 맛이 없고 특별한 향료가 들어있는 토란음식을 먹는데 매우 고통스런 시간을 보낸 일이 있다.

재배적 특성

토란은 천남성과의 뿌리채소이다. 열대와 아열대 원산으로 우리나라에서는 남부지방에서 1년생으로 많이 재배되지만 열대지방에서는 다년생이다. 토란의 생육 적온은 20~30°C 정도이며 따뜻한 기온과 다소 습한 토양에서 잘 자란다. 그늘에서도 잘 견디지만 건조에 약하다. 화학비료나 농약사용이 적고 노동력 투입이 비교적 적은 작물이다.

재배에 알맞은 토양은 비옥한 양토나 사질토, 점질토이고, 건조한 곳에는 잘 자라지 않으며, 지나친 습기와 물이 고인 곳에서는 수량과 품질이 떨어진다. 토양산도는 pH 4.1~7.1 범위에서 큰 차이는 보이지 않는다. 뿌리의 깊이는 1m 정도로 뻗고 반경 1m 정도로 발달한다. 어미토란의 곁눈이 자라서 아들토란이 된다. 재배시기는 4~5월에 파종하여 9~10월에 수확한다. 토란은 연작을 꺼려하므로 4~5년 휴재(休栽)하는 것이 좋다. 특히 껍질부위에 독성성분이 함유되어 있다.

토란의 재배 방법에 대하여 허균(許筠, 1569~1618)의 『한정록(閑情錄)』에는 '물 가까운 비옥한 땅을 가려 옮겨 심고 개천의 흙이나 혹은 재(灰)거름 또는 두엄으로 북돋아주고 가물면 물을 대주어야하며, 호미질을 자주하는 것이 좋다'고 기록되었다.

토란 꽃 (2)

토란 재배 (박상은)

감사의 글

성경(시편 90:10)은 '우리의 연수가 칠십이요 강건하면 팔십이라' 기록하고 있습니다. 그리고 중국의 두보(杜甫)는 '人生七十古來稀'라는 시를 쓰면서 나이 70을 살기는 드문 일이라 하여 '고희(古稀)'라 하였습니다.

그런데 저자는 노후의 여가활동과 취미생활을 겸하여 회갑을 기념하여 『내가 돌아본 세계의 농촌』이라는 책을 출판한 다음, 고희와 '喜壽'가 지나도록 책을 쓸 수 있는 건강과 지혜를 허락해 주셔서 13권의 책을 출판하게 되어 감사하고 있습니다.

더욱이 古稀를 기념한 『양화진 선교사의 삶』 책은 한국근대화에 공헌한 외국인들의 교훈적인 삶을 기록하여 10만 명 이상에게 알릴 수 있었습니다. 최근 출판한 『가르침을 주는 풀꽃 이야기』는 희수를 기념하여 자연을 사랑하고 꽃을 좋아하는 이들에게 벗이 되고 있습니다. 모두가 감사한 일입니다.

이번에 13번째로 출판된 『건강에 도움 주는 텃밭식물 이야기』는 60여종의 텃밭식물을 주제로 하여 서울시 강동구 강일동 84번지에 위치한 전국농업기술자협회 교육농장에 시험포를 설치하고, 공동운영하면서 기록한 책입니다. 텃밭을 가꾸면서 일주일 간격으로 수확하여 이웃과 나누고 체험하면서 영양학적 가치와 식품의 효능 등에 대하여 중점적으로 살펴보았습니다. 80여권의 관련 문헌을 수집하여 동서고금의 재미있는 이야기들을 모아 책으로 만들었습니다.

이와 같은 과정에서 참으로 많은 분들의 도움을 받아 깊은 감사를 드립니다. 시험포 제공과 축사를 써주신 전국농업기술자협회 윤천영 회장과 실무에 협력해 주신 오인세 팀장에게 감사합니다. 시험포를 공동으로 운영하면서 원고의 집필과 사진촬영을 함께 해주신 한춘연, 권태웅, 박상은 선생께 감사드립니다.

특별히 이 책의 원고를 감수하시면서 많은 자료의 제공과 귀한 시간을 내주셔서 교정해 주시고 수정 보완하도록 지도해 주신 이정명 교수께 깊은 감사를 드립니다. 원고작성에 도움을 주신 농촌진흥청 국립원예특작과학원의 곽정호, 박동금, 허윤찬 박사 등 여러분과 서울시농업기술센터 손희정 담당관에게 감사드립니다.

귀한 사진과 서예작품으로 이 책을 잘 꾸미도록 힘써주신 한국사진작가협회 조유성 이사, 강암서예학술재단 송하철 이사장, 아시아종묘 류경오 대표이사, 농우바이오 김용희 대표이사와 함께 협력해주신 여러분께 감사드립니다. 끝으로 이 책을 기획 편집하고 출판을 맡아준 가람기획의 정명수 사장에게 감사합니다.

shc155@naver.com

2012. 12. 30
저자 신 호 철

▲ 착색단고추

부록

284 · 부록1　**텃밭식물의 이름 분류**

286 · 부록2　**텃밭식물과 함께 먹으면 좋은 / 나쁜 식품의 궁합**

290 · 부록3　**1인 1회 섭취량 기준 및 텃밭식품 영양가표**

292 · 부록4　**텃밭식물의 가식부(생체 100g기준) 식품성분표**

294 · 부록5　**참고문헌**

297 · 부록6　**찾아보기**

부록1. 텃밭식물의 이름 분류

과명	식물명	학명	영명
가지과	가지	*Solanum melongena* L.	Eggplant
	감자	*Solanum tuberosum* L.	Potato
	고추	*Capsicum annuum* L.	Hot Pepper
	단고추	*Capsicum annuum* L. var. *grossum* Sendt.	Sweet Pepper
	토마토	*Lycopersicum esculentum* Mil.	Tomato
박과	멜론	*Cucumis melo* L. var. *reticulatus*	Melon
	수박	*Citrullus lanatus* Thunb.	Watermelon
	수세미외	*Luffa cylindrica* Roem.	Vegetable Sponge
	여주	*Momordica charrantia* L.	Bitter Gourd
	오이	*Cucumis sativus* L.	Cucumber
	참외	*Cucumis melo* L. var. *koreana*	Oriental Melon
	호박	*Cucurbita* spp.	Pumpkin
국화과	뚱딴지	*Helianthus tuberosus* L.	Jerusalem Artichoke
	로메인	*Lactuca sativa* L. var. *longifolia*	Romaine
	머위	*Petatsites japonicus* Max.	Butterbur
	상추	*Lactuca sativa* L.	Lettuce
	쑥갓	*Chrysanthemum coronarium* L.	Garland Chrysanthemum
	엔디브	*Cichorium endiva* L. var. *endiva*	Endive
	오크리프	*Lactuca sativa* L. var. *oak-leaf*.	Oak-leaf
	우엉	*Arctium lappa* L.	Great Burdock
	치코리	*Cichorium intybus* L. var. *foliosum*	Chicory
비름과	근대	*Beta vulgaris* L. var. *flavescence*	Swiss Chard
	비트	*Veta vulgaris* L. var. *rapa*.	Table Beet
	시금치	*Spinacia oleracea* L.	Spinach
배추과	갓	*Brassica juncea* Czern.	Mustard
	다채	*Brassica campestris* L. var. *narinosa*	Tatsoi
	배무채	*xBrassicoraphanus*	Baemoochae
	무	*Raphanus sativus* L.	Radish
	배추	*Brassica rapa* L. ssp. *pekinensis*	Kimchi Cabbage
	브로콜리	*Brassica oleracea* var. *italica*	Broccoli
	순무	*Brassica campestris* L. ssp. *rapa*	Turnip

과명	식물명	학명	영명
배추과	양배추	*Brassica oleracea* L. var. *capitata*	Cabbage
	20일무	*Raphanus sativus* L.	Radish
	청경채	*Brassica campestris* L. ssp. *chinensis*	Pakchoi
	케일	*Brassica oleracea* L var. *acephala*	Kale
	콜라비	*Brassica oleracea* L var. *gongylodes*	Kohlrabi
	콜리플라워	*Brassica oleracea* L. var. *botrytis*	Cauliflower
미나리과	당귀	*Angelica gigas* Nakai	Korean Angelica
	당근	*Daucus carota* L.	Carrot
	미나리	*Oenanthe stolonifera* DC.	Water Dropwort
	셀러리	*Apium graveolens* L. var. *dulce*	Celery
	신선초	*Angelica utilis* Makino	Angelica
	파슬리	*Petroselium crispum* Mill	Parsley
백합과	마늘	*Allium sativum* L.	Garlic
	부추	*Allium tuberosum* Rottl.	Chinese Leek
	삼채	*Allium hookeri*	Myanmar Chive
	양파	*Allium cepa* L.	Onion
	파	*Allium fistulosum* L.	Bunching Onion
꿀풀과	잎들깨	*Perilla frutescens* Britt var. *crispa*	Perilla
콩과	강낭콩	*Phaseolus vulgaris* L.	Kindney Bean
	땅콩	*Arachis hypogaea* L.	Peanut
	완두	*Pisum sativum* L.	Pea
	콩	*Glycine max* Merr.	Soybean
	팥	*Phaseolus angularis* Wight	Red Bean
메꽃과	고구마	*Ipomoea batatas* Lam.	Sweet Potato
벼과	옥수수	*Zea mays* L.	Sweet Corn
장미과	딸기	*Fragaria ananassa* Duch.	Strawberry
마과	마	*Dioscorea* spp.	Yam
생강과	생강	*Zingiber officinale* Rose.	Ginger
아욱과	아욱	*Malva verticillata* L.	Chinese Mallow
천남성과	토란	*Colocasia esculenta* Schott.	Taro

부록2. 텃밭식물과 함께 먹으면 좋은 / 나쁜 식품의 궁합

텃밭식물	관련식품	좋은 궁합 / 나쁜 궁합
가 지	들기름	⊕ 가지는 영양적 성분이 부족하지만 비타민A가 풍부하고 항암작용이 뛰어나 들기름(참기름)에 요리하면 흡수율이 높아지고 항산화 작용으로 암 예방과 성인병 예방 등에 도움이 되는 좋은 음식궁합을 이룬다.
감 자	치 즈	⊕ 감자와 치즈를 함께 먹으면 칼슘등이 풍부하여 영양 상승 효과가 있어 좋은 궁합이다.
고 추	멸 치	⊕ 고추는 베타카로틴이 풍부하며, 체온을 따뜻하게 해주고 찬 기능을 몰아내며, 소화액 분비를 촉진 하고, 캡사이신 성분은 항암효과가 있다. 풋고추와 멸치는 균형을 유지한다.
토마토	튀김요리	⊕ 토마토는 비타민이 골고루 풍부하게 함유되고 식이섬유 등이 있어, 기름에 튀긴 음식과 함께 먹으면 위에 부담이 적고 소화를 원활하게 하며 혈압강하와 당뇨에 좋은 음식궁합을 이룬다.
	설탕	⊖ 토마토에 설탕을 넣어 먹으면 비타민 B가 손상되므로 좋지 않다.
수 박	튀김요리	⊖ 수박은 수분이 많아 위액을 엷게 만들기 때문에 기름기 있는 튀김요리와 함께 먹으면 소화에 어려움이 있어 좋지 않다.
오 이	소 주	⊕ 오이는 영양가는 낮지만 비타민 등 무기질 함량이 높은 차가운 성질의 식품으로, 따뜻한 성질의 소주와 함께 섭취하면 중화되어 쓴맛을 없애고 알칼리성으로 바꾸어 주어 이뇨작용과 갈증해소 등에 좋은 궁합을 이룬다.
참 외	(효 능)	‒ 참외는 성질이 차 더위를 먹거나 갈증이 나고 입맛이 떨어진 경우에 먹으면 좋다. 대·소변을 잘 나오게 하는 효능도 있다.
호 박	강낭콩	⊕ 호박은 베타카로틴과 칼슘이 풍부하고, 강낭콩은 단백질과 탄수화물이 풍부하여 함께 섭취하면 영양성분 섭취에 균형을 이루어 좋다.
머 위	들깨즙	⊕ 머위에 들깨즙을 넣어 볶으면 씁쓰름한 머위 맛이 없어지고 향미를 느낄 수 있으며 영양상 균형을 이루어 좋다.
상 추	마 늘	⊕ 상추는 베타카로틴이 풍부하고 입맛을 돋우며 소화를 도와주고, 입 냄새를 제거하며 열을 내려준다. 생강과 마늘과 함께 먹으면 좋다.
쑥 갓	조개류	⊕ 쑥갓은 베타카로틴 성분 등이 풍부하고, 조개류는 단백질 함량이 높고 필수아미노산을 함유하여 함께 섭취하면 고혈압과 동맥경화 예방에 좋은 음식궁합이다.

※ 범례: ⊕ 좋은궁합, ⊖ 나쁜궁합, (-) 효능

텃밭식물	관련식품	좋은 궁합 / 나쁜 궁합
우엉	바지락	⊖ 우엉의 풍부한 섬유질이 바지락과 만나게 되면 철분의 흡수율을 떨어뜨리게 되어 좋지 않다.
치코리	커피	⊕ 치코리는 칼슘과 비타민A가 풍부하고 이눌린 성분 등이 함유되어 마음을 안정시키고 각종 성인병에 도움을 주며, 커피와 함께 섭취하면 커피의 카페인 중독을 약화하여 좋은 궁합을 이룬다.
근대	시금치	⊖ 근대는 수산이 많기 때문에 시금치와 함께 섭취하면 시금치의 옥살산과 체내에서 수산석화 되면서 결석이 되어 담석증 등 원인이 되므로 좋지 않는다.
시금치	참깨	⊕ 시금치는 비타민 A와 C가 많은 좋은 식품이지만, 너무 많이 섭취하면 결석이 생겨 참기름과 함께 섭취하면 맛이 좋고 결석과 빈혈예방에 좋은 음식궁합을 이룬다.
	우유	⊖ 시금치는 우유의 칼슘과 시금치의 옥살산이 결합하면 소화에 좋지 않다.
무	고등어	⊕ 무는 비타민 C가 풍부하며 소화효소가 많고 매운맛이 있어 생선의 비린내를 제거하며, 단백질이 풍부한 고등어와 함께 섭취하면 균형을 이루어 빈혈과 식중독 예방에 좋은 음식궁합을 이룬다.
	오이	⊖ 무의 비타민 C는 오이와 함께 섭취하면 파괴되므로 무와 오이는 상극 관계로 좋지 않다.
배추	(효능)	- 배추는 비타민 C가 풍부하고 위장과 대장 및 소장의 기를 잘 소통하게 하여 대·소변을 잘 소통시키는 좋은 식품이다.
브로콜리	(효능)	- 성인병 예방에 효능이 있고 항감효과가 있다.
양배추	(효능)	- 양배추는 베타카로틴이 풍부하고, 비. 위장의 기능을 도와 뱃속에 기운이 맺힌 것을 풀어주고 부드럽게 하며 통증을 막아준다. 심장의 활력을 도와주고 눈과 귀를 밝게 한다.
케일	(효능)	- 케일의 페놀 및 플라보노이드 성분은 항암효과가 있다.
신선초	(효능)	- 비타민 C, 카로티노이드 성분 등은 암 예방 효과가 있다.
당근	식용유	⊕ 당근은 비타민 A 성분이 특히 많이 함유되어 있지만, 날것으로 먹으면 잘 흡수 되지 않다, 식용유에 조리하거나 익혀서 섭취하면 흡수가 잘되어 항암과 혈관질환 예방 등에 좋은 음식궁합을 이룬다.
	오이	⊖ 당근에는 비타민 C를 파괴하는 아스코르비나제가 들어있어 오이와 섞어 먹으면 좋지 않다.

부록2. 텃밭식물과 함께 먹으면 좋은 / 나쁜 식품의 궁합

텃밭식물	관련식품	좋은 궁합 / 나쁜 궁합
미나리	복 어	⊕ 미나리는 칼슘과 비타민 C가 풍부하고 해독작용의 성분이 있어 복어의 풍부한 아미노산과 무기질 등의 성분이 합쳐지면 노화방지, 식중독 예방 등에 좋다.
파슬리	밀가루	⊕ 파슬리는 비타민 A, C 등이 풍부한 식품으로 밀가루에 묻힌 튀김으로 섭취하면 비타민 A의 흡수가 원활하고 비타민 C의 파괴도 적어 피부미용, 이뇨, 혈액순환에 좋은 음식궁합을 이룬다.
마 늘	고사리	⊕ 마늘은 항암효과가 뛰어나고 노화방지에도 좋아 장수식품으로 알려져 있다. 혈압을 조정하고 혈액순환을 좋게 한다. 마늘은 고사리의 영양적 결함을 없애 준다.
부 추	된 장	⊕ 부추는 비타민 A와 칼슘 등이 풍부하고, 된장의 주원료인 콩은 단백질이 풍부하여 함께 먹으면 조화를 이루어 장의 보호 등에 효능이 있고 항암효과와 노인성 치매 예방에 좋은 음식궁합을 이룬다.
	쇠고기	⊖ 부추와 쇠고기는 성질이 뜨거워 함께 섭취하면, 컨디션이 좋지 않은 날에 열기가 향상되어 몸에 부담을 주므로 좋지 않다.
양 파	육 류	⊕ 영양소가 많아 미용식에 좋고 고혈압과 동맥경화 등 성인병 예방에도 좋다. 알칼리성이기 때문에 육류와 먹으면 좋다. 열병 뒤에는 삼가야 한다.
파	미 역	⊖ 파와 미역은 미끈미끈한 알긴산이 풍부하여 함께 요리하면 알긴산의 흡착력이 떨어져 좋지 않다.
들깻잎	쇠고기	⊕ 들깻잎은 비타민 A와 칼슘 등 무기질 성분이 풍부하고, 쇠고기에는 양질의 단백질 성분이 있어 함께 섭취하면 균형을 이루어 치매예방과 발육촉진 등에 좋은 음식궁합을 이룬다.
땅 콩	(효 능) 맥 주	⊕ 땅콩은 지방분과 단백질이 풍부한 좋은 식품이다. ⊖ 그러나 땅콩의 지방분은 껍질을 벗겨 공기에 노출하면 산화되고, 다습하면 곰팡이가 피어 간암 유발의 원인이 되므로 맥주안주로 주의를 요한다.
콩	다시마	⊕ 콩은 텃밭식물 중 단백질이 가장 풍부하고 탄수화물이 함유되어, 알칼리성의 다시마를 넣어 섭취하면 균형을 이루어 항암 등 효능이 있어 좋다.
	치 즈	⊖ 콩에는 인산이 많이 함유되고 치즈에는 칼슘이 풍부하지만, 함께 섭취하면 인산칼슘으로 변해 체내에 흡수되지 못하고 무용하게 배출된다.

※ 범례: ⊕ 좋은궁합, ⊖ 나쁜궁합, (-) 효능

텃밭식물	관련식품	좋은 궁합 / 나쁜 궁합
팥	잉어	⊕ 팥은 단백질과 탁수화물이 풍부한 좋은 식품으로 해독제로도 쓰인다. 잉어와 함께 먹으면 좋다.
	설탕	⊖ 팥에 들어있는 풍부한 사포닌은 면역력 강화와 암을 예방하지만, 설탕을 넣으면 사포닌 성분이 파괴되어 좋지 않다.
고구마	김치 / 마	⊕ 고구마는 탄수화물과 칼륨이 풍부하며, 김치는 발효식품으로 많은 영양성분이 있지단 나트륨이 많아 함께 먹으면 나트륨을 배출시켜 혈관 질환과 뇌졸중 예방 등에 좋은 음식 궁합을 이룬다.
	쇠고기	⊖ 고구마와 쇠고기를 함께 섭추 하면 위장의 위산의 농도가 다르기 때문에 음식물이 위장어 체류하는 시간이 길어져 소화 흡수에 좋지 않다.
옥수수	우유	⊕ 옥수수는 성인병 예방에 좋은 식품이다. 우유와 함께 먹으면 좋다.
	조개류	⊖ 옥수수는 소화 흡수가 잘되지 않는 성분이 있어, 조개류의 부패하기 쉬운 단백질과 산-기 때 조개의 독성물질과 결합하면 소화에 어려움이 있어 좋지 않다.
딸기	우유	⊕ 딸기는 비타민 C와 인성분이 풍부하고, 우유의 풍부한 단백질 식품을 섭취하면 영양분을 균형 있게 섭취하여 골다공증과 시력 보호에 좋은 음식 궁합을 이룬다.
마	달걀 노른자	⊕ 마는 원기를 보충하고 식이섬유가 풍부하여 날것으로 달걀 노른자와 먹으면 달걀의 콜레스테롤을 제거하는 효능이 있다.
생강	(효능)	- 비린내를 없애주고 해독 효과가 있으며, 가래를 삭이며 기침을 멎게 한다. 소화를 돕고 식욕을 돋워준다.
아욱	새우	⊕ 아욱과 새우를 함께 먹으면 단백질 등 부족한 성분을 보충해주어 소화에도 좋다.
토란	다시마	⊕ 토란은 장의 운동과 소화를 돕는 알칼리성 식품이지만 수산석회가 체내에 축적되면 결석 원인이 된다. 다시마는 토란의 유해성분인 수산석회 등의 체내 흡수를 억제시키며 토란의 맛을 부드럽게 해준다.

※ 자료: 유태종의 음식궁합(2012), 동의보감 음식궁합(2012)

부록3. 1인 1회 섭취량 기준 및 텃밭식품 영양가표

텃밭식물	1회 섭취량 (g)	열량 kcal	탄수화물 (g)	단백질 (g)	지방 (g)	식이섬유 (g)	칼슘 (mg)	인 (mg)	철 (mg)	비타민A (mg)	비타민C (mg)
가지	30	5	1.2	0.2	미량	0.6	0.4	7.2	0.1	18.9	0.6
감자	85	54	11.8	2.0	0	0.6	11.9	99.4	1.2	0.9	6.8
고추(붉은)	2	1	0.2	0.1	미량	0.2	0.3	1.1	미량	21.6	2.3
고추(풋)	3	1	0.1	미량	0	0	0.4	1.2	미량	0	2.2
파프리카	5	2	0.3	0.1	미량	0.1	0.2	1.5	0.1	25.5	5.9
토마토	195	35	8.8	1.6	0	2.0	11.7	23.4	1.0	23.4	23.4
멜론	80	29	7.1	1.0	0	1.3	12.8	10.4	0.9	0.8	0
수박	195	62	15.8	1.6	0	0.8	9.8	27.3	1.0	60.5	0
오이	45	5	1.3	0.4	0	0.4	5.8	9.4	0.3	3.2	0
참외	170	65	12.8	3.7	0.7	3.4	10.2	134.3	0.5	10.2	35.7
애호박	25	7	1.4	0.2	미량	0.3	7.5	9.0	0.1	8.5	2.3
늙은호박	75	23	5.6	0.7	0.1	2.6	21.0	22.5	0.6	89.3	11.3
머위나물	50	20	2.3	1.3	0.9	0.7	31.3	25.8	0.9	203.9	7.7
상추	20	3	0.5	0.2	0.1	0	8.2	4.0	0.3	34.4	2.2
쑥갓	5	1	0.2	0.2	0	0.1	1.9	2.3	0.1	31.3	0.9
우엉	15	10	2.3	0.5	0	0.5	8.4	10.8	0.1	0	0.4
치코리	10	2	0.3	0.2	미량	0.1	7.9	3.9	0.1	89.3	1.0
시금치	40	13	2.4	1.2	0.2	1.0	16.0	11.6	1.0	191.6	24.0
갓	40	20	3.3	1.4	0.2	1.7	0	50.0	29.6	14.8	18.0
무	50	11	2.3	0.5	0.1	0.6	13.0	19.0	1.1	0	7.5
배추	50	6	1.4	0.6	0	0	14.5	9.0	0.3	0.5	5.0
브로콜리	20	7	1.2	0.9	미량	0	9.4	15.6	0.2	16.0	12.8

텃밭식물	1회 섭취량 (g)	열량 kcal	탄수화물 (g)	단백질 (g)	지방 (g)	식이섬유 (g)	칼슘 (mg)	인 (mg)	철 (mg)	비타민A (mg)	비타민C (mg)
양배추	25	5	1.1	0.3	미량	2.0	7.8	7.3	0.1	6.0	2.3
마늘	10	14	3.0	0.5	0	0.2	1.0	16.4	0.2	0	2.8
부추	25	6	1.0	0.4	0.1	0.7	7.0	5.8	0.9	3.8	1.3
양파	10	4	0.8	0.1	0	0.1	1.6	3.0	0.2	0	0.8
파(대파)	3	1	0.2	미량	0	0.1	0.8	0.8	미량	0	0.3
들깻잎	10	4	0.8	0.4	미량	0.4	21.1	7.2	0.2	152.4	1.2
강낭콩	5	8	1.5	0.5	0.1	1.2	3.1	4.8	0.2	0	0.2
땅콩	5	29	1.1	1.3	2.4	0	2.6	21.4	0.1	0	0
완두	5	4	0.7	0.3	0	0.3	1.3	6.7	0.1	0.1	0.6
콩(흑태)	7	29	2.2	2.5	1.3	0	15.4	40.3	0.5	0	0
팥(붉은)	6	21	4.1	1.2	0	0.7	4.9	25.4	0.3	0	0
고구마	75	98	23.4	1.0	0.2	1.9	18.0	40.5	0.4	14.3	18.8
단옥수수	4	15	3.0	0.5	0.2	0	0.3	5.1	0.1	1.4	0.2
딸기	95	34	8.5	0.8	0.2	1.1	6.7	28.5	0.4	0	67.4
마	30	30	5.9	1.5	0.2	1.4	8.1	15.9	0.1	0	2.7
생강	1	1	0.1	0	0	미량	0.1	0.3	미량	0	0.1
아욱	35	8	0.9	1.3	0.2	1.4	32.9	23.1	0.7	400.0	16.8
토란대	25	5	1.4	0.2	0	0.4	16.5	11.5	미량	3.0	2.0
당근	30	11	2.6	0.3	미량	0.8	12.0	11.4	0.2	381.0	2.4
미나리	25	5	1.1	0.3	0.1	0.6	32.5	15.5	0.3	2.3	6.8
셀러리	7	2	0.4	0.1	0	0.1	12.4	3.7	0.1	7.6	3.3

※ 자료: 농촌진흥청 국립농업과학원(2012)

부록4. 텃밭식물의 가식부(생체 100g기준) 식품성분표

텃밭식물	열량 kcal	수분 (g)	단백질 (g)	지방 (g)	탄수화물 (g)	식이섬유 (g)	칼슘 (mg)	인 (mg)	베타카로틴 (mg)	비타민 C (mg)
가지	17	94.6	0.8	0.1	4.0	2.0	18	24	377	2
감자	63	82.7	2.4	0.0	13.9	0.7	14	117	3	8
고추(빨강)	57	84.6	2.6	1.7	10.3	8.5	16	56	6.466	116
파프리카	30	91.8	1.5	0.8	5.4	1.8	3	29	3,052	119
토마토	18	94.3	0.8	0.0	4.5	1.0	6	12	69	12
멜론	36	89.3	1.2	0.0	8.9	1.6	16	13	7	0
수박	32	90.8	0.8	0.0	8.1	0.4	5	14	188	
수세미외	6	98.1	0.8		0.7	-	2	32	0	3
여주	11	96.2	0.1	0.0	3.1	2.6	6	33		51
오이(개량종)	12	96.1	0.8		2.8	0.8	13	21	40	-
참외	38	89.0	2.2	0.4	7.5	2.0	6	79	36	21
애호박	26	93.0	0.9	0.1	5.6	1.2	30	38	201	9
뚱딴지	69	?	1.9				미량			12
로메인	29	90.6	1.8	0.2	6.4	-	84	33	1095	45
머위	32	88.9	3.5	0.4	5.5	1.7	88	68	4522	28
상추	14	95.5	1.1	0.3	2.4	-	41	20	1,034	11
쑥갓	26	90.9	3.5	0.1	4.6	2.3	38	47	3755	18
우엉	69	80.3	3.1	0.1	15.5	3.4	56	72	0	3
치코리	16	94.0	1.7	0.3	2.7	1.1	79	39	5356	10
근대	16	93.2	2.3	0.1	2.7	2.7	97	36	2361	10
비트	37	88.3	1.7	0.0	8.4	-	7	21	0	23
시금치	33	89.4	3.1	0.5	6.0	2.6	40	29	2876	60
갓	24	91.2	2.6	0.1	4.7	2.7	160	40	55	91
다채	14	94.5	2.1	0.2	2.0	-	91	51	405	20
무(개량종)	21	93.7	1.1	0.1	4.5	-	27	23	0	22
배추(가을)	23	92.7	0.9	0.1	5.7	1.5	60	46	1	24
브로콜리	38	88.1	2.2	0.4	8.1	-	173	37	650	50
순무	33	90.3	1.4		7.6	1.5	50	39		17
양배추	20	93.7	1.4	0.1	4.4	8.1	31	29	141	9

텃밭식물	열량 kcal	수분 (g)	단백질 (g)	지방 (g)	탄수화물 (g)	식이섬유 (g)	칼슘 (mg)	인 (mg)	베타카로틴 (mg)	비타민 C (mg)
청경채	18	94.0	1.3	0.3	3.5	0.7	90	38	2067	48
케일	27	89.7	3.5	0.4	4.1	4.0	378	75	4407	–
콜라비	28	91.4	1.6	0.5	5.6	–	17	187	232	57
콜리플라워	22	92.4	1.9	0.1	4.7	2.9	12	40	12	99
마늘	136	63.1	5.4	0.0	30.0	2.0	10	164	0	28
부추(재래종)	22	93.0	1.8	0.3	4.1	2.7	28	23	87	5
삼채	?	?	1.4	0.3	13.8	3.5	?	?	?	?
양파	36	90.1	1.0	0.1	8.4	1.2	16	30	0	8
파	29	91.4	1.2	0.2	6.7	1.7	25	26	8	11
잎들깨	41	86.2	4.0	0.4	7.9	4.5	211	72	9,145	12
강낭콩	169	57.7	10.0	1.2	29.2	24.3	62	97	0.0	4
땅콩	568	2.2	24.5	45.1	26.0	7.3	68	409	31	6
완두	79	79.9	5.8	0.3	13.2	5.0	25	134	8	12
콩(검정)	414	11.7	34.3	18.1	30.5	26.0	224	629	0	0
팥(붉은)	356	8.9	19.3	0.1	68.4	12.2	82	424		0
고구마	131	66.3	1.4	0.2	31.2	2.6	24	54	113	25
단옥수수	109	71.5	3.8	0.5	23.4	–	21	106	156	0
딸기	36	89.0	0.8	0.2	8.9	1.2	7	30		71
마	75	80.3	1.5	0	17.5	2.3	8	39	5	8
생강	59	83.3	1.5	0.2	13.9	1.8	13	28	0	5
아욱	23	91.6	3.6	0.6	2.6	4.1	94	66	6,859	48
토란	124	70.0	2.4	0	26.1	3.3	29	130	7.7	34
당귀잎	70	82.1	0.6	1.2	15.3	–	39	69	0	11
당근	37	89.5	1.1	0.1	8.6	2.5	40	38	7,620	8
미나리	21	93.4	1.0	0.2	4.6	2.6	130	62	56	27
셀러리	26	91.1	1.8	0.2	5.5	1.4	177	53	648	47
신선초	63	80.3	4.4	1.1	12.2	2.3	235	62	2721	71
파슬리	36	87.6	3.2	0.5	6.8	6.8	206	60	2941	1 39

※ 자료: 농촌진흥청 국립농업과학원(2011)

부록5. 참고문헌

ㄱ

Gutzlaff. C. 『Journal of Three Voyages along the Coast of China in 1833』
Gakken, Edible wild plants in Japan. 2003
김광식, 『가정원예』, 허브월드. 2006
김두옥, 『국촌의 나무 이야기』, 양화진. 2011
김부식(이병도역), 『三國史記』, 을유문화사. 2010
김소운, 『한일사전』, 휘문출판. 1975
김영진, 『농업식품고전과 농정고사』, FAO한국협회. 2010
김완규, 『식물도감』, 지식서관. 2011
김형광, 『고려야사』, 시아출판. 2000

ㄴ

농우바이오, 『농우씨앗』. 2013
농촌진흥청, 『박과채소를 활용한 6차산업화』, 국립원예특작과학원. 2013
농촌진흥청, 『밭작물 품종해설』. 2012
농촌진흥청, 『소비자가 알기 쉬운 식품영양가표』, 2009
농촌진흥청, 『식품성분표(제8개정판)』, 국립농업과학원. 2011
농촌진흥청, 『약용작물 품종총람』. 2008
농촌진흥청, 『유기농 텃밭가꾸기』. 농업과학기술원. 2008
농촌진흥청, 『우리 아이 영양 길잡이』, 국립농업과학원. 2009
농촌진흥청, 『1회분량으로 보는 식품영양가표』, 국립농업과학원. 2012

ㄷ · ㄹ

두산동아, 『새국어사전』. 1994
두피디아, 『두산백과』. 2010
Rankin Nellie B. 『The Blue eyed Maiden』. 1879-1911
Rebecca Rupp, 『How Carrots Won the Trojan War(박유진 역 및 원본)』. 2012
Lindsay H. H. 『Report of Proceedings on a Voyage to the Northern Ports of China in the ship Lord Amherst』, London. 1834

ㅁ · ㅂ

Michael Zohary(김존민역), 『성서의 식물』, 보진제. 1986
박권우, 『기능성 건강식 모듬쌈채』, 허브월드. 2002

박권우,『기능성 채소』, 허브월드. 2009
박희란,『베란다 채소밭』, 로그인. 2013
Bill Laws,『The curious history of vegetables(김소정역)』. 2005

ㅅ

서명자,『약이 되는 좋은 먹거리』, 태웅출판. 1998
서울시,『밭 비료사용 처방서』, 농업기술센터. 2013
서울시,『친환경텃밭』, 농업기술센터. 2008
서울시,『텃밭작물 재배기술』, 농업기술센터. 2005
서울시,『텃밭채소가꾸기』, 농업기술센터. 2013
서울시,『텃밭채소가꾸기』, 서울농업기술센터. 2012
　　　　『성경전서(한글판)』
신준우,『성인병 관리비법』, 양화진. 2010
신호철,『가르침을 주는 풀꽃 이야기』, 양화진, 2012
신호철,『귀츌라프행전』, 양화진. 2009
신호철,『내가 돌아본 세계의 농촌』, 꾸밈. 1996

ㅇ

아가페성경사전편찬위,『성경사전』. 1991
Asiaseed,『주말농장』. 2013
아시아종묘,『아시아 씨앗』, 2011 및 2013
I.V.P,『성경사전(New Concise Bible Dictionary)』. 1992
Allen Horace N. Korea,『Fact and Fancy a Chronologica Index』. 1904
野口,『農學大事典』, 養賢堂, 東京. 1975
양은영,『고추산업의 미래를 위한 준비』, 농촌진흥청. 2012
오홍명,『건강 장수를 부르는 나무ㆍ풀』. 2013
유태종,『다시 쓰는 음식궁합』, 아카테미북. 1998
이규태,『신열하 일기』, 신원문화사. 1997
이만열,『韓國史年表』, 역민사. 1996
이명복,『체질을 알면 건강이 보인다.』, 대광출판사. 1993
Isabella B. Bishop(이인화역),『한국과 그 이웃나라들(Korea and her neighbours)』. 2003
이선근,『대한국사』, 신태양사. 1980
이시진,『本草綱目』,1522

부록5. 참고문헌

East West Seed. Catalog. 2010
이승우 외, 『생활원예』, 동화기술. 2011
이우철, 『한국식물명의 유래』, 일조각. 2005
이우철, 『한국식물명의 유래』, 일조각. 2005
이정명 외, 『채소학 각론』, 향문사. 2013
이정명 외 『Pumpkin』, 농촌진흥청. 2011
Lee Jung-Myung, 『Horticulture in Korea』. 2007
Ikeda Hiroshi(오희옥역), 『채소 약이되게 먹는 방법』, 동도원. 2005
이풍원, 『이야기 본초강목』, 유한문화사. 2011
일연, 『三國遺史』, 아이템북스. 2009

ㅈ

자연식생활연구회, 『음식궁합 동의보감』, 아이템북스. 2012
장준근, 『산야초 동의보감』, 아카데미북. 2011
전국농업기술자협회, 『도시민농사체험과정』. 2013
제일종묘농산, 『박사찰 옥수수』. 2007
정구영, 『한국의 효소발효액』, 아이템북스. 2013
　　　『조선왕조실록(태조-고종)』
조엄, 『해사일기』. 1764
조유성, 『식물백과, 지식서관』. 2011
조현묵, 『감자 내 몸을 살린다』, 한언. 2008
중앙일보사, 『中央大百科』. 1991

ㅊ · ㅌ · ㅍ · ㅎ

학원사, 『農學大事典』. 1975
한국도로공사, 『식물목록』. 2000
한국뚱딴지협회, 『행복한 뚱딴지』. 2013
한국원예학회, 『園藝學用語 및 作物名集』. 2003
한국원예학회, 『한국원예발달사』, 국립원예특작과학원. 2013
한국학연구소, 『조선재류구미인 조사록』, 1907-1942
허균, 『閑情錄』, 민족문화추진회. 2004
Holy Bible, 『The Gideons』. 1974
홍규현, 『채소기르기』, 푸른행복. 2010
홍만선, 『산림경제』, 한국민족문화추진회. 2007

부록6. 찾아보기

ㄱ · ㄴ

가지 ·············· 16
감자 ·············· 20
강화순무 ·············· 144
갓 ·············· 124
강낭콩 ·············· 232
개구리참외 ·············· 61
개량종 여주 ·············· 52
검정콩 ·············· 244
겨자 ·············· 124
고구마 ·············· 254
고추 ·············· 24
근대 ·············· 108
꽃상추 ·············· 90
꽃양배추 ·············· 170
깻잎 ·············· 84
김장배추 ·············· 136
낙화생 ·············· 236
남도마늘 ·············· 206
녹색꽃양배추 ·············· 151
네트멜론 ·············· 39
녹두 ·············· 247

ㄷ · ㄹ

다채 ·············· 128
다청채 ·············· 159
단고추 ·············· 28
단옥수수 ·············· 258
당귀 ·············· 178
당근 ·············· 182
대파 ·············· 220
돌산갓 ·············· 125
동부 ·············· 247
돼지감자 ·············· 70
들깻잎 ·············· 224
딸기 ·············· 262
땅콩 ·············· 236
두메부추 ·············· 209
뚱딴지 ·············· 70
렌즈콩 ·············· 251
로메인상추 ·············· 74

ㅁ

마 ·············· 266
마늘 ·············· 204
막시마계 호박 ·············· 64
머위 ·············· 78
멜론 ·············· 38
명일엽 ·············· 194
모샤타계 호박 ·············· 65
무 ·············· 132
미나리 ·············· 186

ㅂ

반적환20일무 ·············· 157
방울형토마토 ·············· 34

부록6. 찾아보기

배무채	128
배추	136
배추상추	74
백색순무	147
부추	208
브로콜리	140
불꽃형치코리	103
비타민채	129
비트	112
뿌리부추	212

ㅅ

삼미채	212
삼채	212
생강	270
상추	82
셀러리	190
소엽	226
수세미외	46
수박	42
순무	144
시금치	116
신선초	194
쑥갓	86

ㅇ

아욱	274
알타리무	133
양하	273
애플수박	44
애호박	63
양미나리	190
양배추	150
양파	220
열무	133
엔디브(엔다이브)	90
여주	50
오이	54
오크리프상추	94
잎당귀	181
완두(콩)	240
왜당귀	178
오니온	216
옥수수	258
우엉	98
의성마늘	205
20일무	154
잎들깨	224

ㅈ · ㅊ

자색무	134
적근대	109
적축면상추	84
적환20일무	154
정구지	208
착색단고추	28

참당귀	178	**ㅍ · ㅎ**	
참마	266	파	220
참외	58	피망	28
청경채	158	파프리카	28
청치마상추	83	파슬리	198
청축면상추	83	팍초이	158
치코리(치커리)	102	팥	248
		페포계 호박	65
ㅋ · ㅌ		하지감자	20
케일	162	황피멜론	39
콜라비	166	향미나리	198
콜리플라워	170	호박	62
콩	244	흰콩	245
토란	278	해바라기	73
토마토	32		

건강에 도움 주는 텃밭식물 이야기

2013년 12월 30일 초판인쇄
2014년 1월 2일 초판발행

저　　자	신호철 · 한춘연
사　　진	조유성 · 신호철 · 이정명 · 아시아종묘 · 농우바이오
발 행 처	양화진 shc155@naver.com
주　　소	서울시 은평구 은평터널로 65 대림Ⓐ 108-1305
전　　화	(02)325-4911 Mobile : 010-3901-8049
편　　집	가람기획 Tel : (02)2633-7853
등　　록	2003. 8. 20 제313-2003-00289호

ISBN 978-89-967000-0-5　　　　가격 : 22,000원

(CIP제어번호 : 2013016923)
이 도서의 국립중앙도서관 출판시도서목록(CIP)은 서지정보유통
지원시스템(http://seoji.nl.go.kr)과 국가자료공동목록시스템
(http://www.nl.go.kr)에서 이용하실 수 있습니다.